"十四五"技工教育规划教材

居住空间设计

王博 邹静 张琮 张宪梁 主编
梁均洪 邓燕红 杜泽佳 副主编

华中科技大学出版社
http://www.hustp.com
中国·武汉

内容简介

本书内容包括五个训练项目。项目一介绍居住空间的基本概念、设计原则、设计程序与方法，提升学生对居住空间的基本了解和认知；项目二通过真实的青年公寓空间设计案例，使学生了解青年公寓方案设计的基本工作流程，掌握青年公寓在前期沟通、资料收集、方案设计、提案制作、效果图制作、施工图绘制等不同工作环节的知识技能，并培养相关职业素养；项目三通过大户型洋房空间设计案例，让学生了解大户型洋房空间方案设计的基本工作流程，掌握大户型洋房空间在前期沟通、资料收集、方案设计、提案制作、效果图制作、施工图绘制等不同工作环节的知识技能，并培养相关职业素养；项目四通过真实的别墅空间设计案例，让学生了解别墅空间方案设计的基本工作流程，掌握别墅空间在前期沟通、资料收集、方案设计、提案制作、效果图制作、施工图绘制等不同工作环节的知识技能，并培养相关职业素养；项目五通过对居住空间设计经典案例的解读与分析，开拓学生视野，提高学生的空间设计能力、审美能力。

图书在版编目（CIP）数据

居住空间设计 / 王博等主编 . — 武汉：华中科技大学出版社，2021.1（2025.2 重印）
ISBN 978-7-5680-6760-7

Ⅰ. ①居… Ⅱ. ①王… Ⅲ. ①住宅 - 室内装饰设计 Ⅳ. ① TU241

中国版本图书馆 CIP 数据核字 (2020) 第 256135 号

居住空间设计
Juzhu Kongjian Sheji

王博　邹静　张琮　张宪梁　主编

策划编辑：金　紫
责任编辑：金　紫　陈　忠
装帧设计：金　金
责任校对：周怡露
责任监印：朱　玢

出版发行：华中科技大学出版社（中国•武汉）　　电　　话：（027）81321913
　　　　　武汉市东湖新技术开发区华工科技园　　邮　　编：430223
录　　排：天津清格印象文化传播有限公司
印　　刷：武汉科源印刷设计有限公司
开　　本：889mm×1194mm　1/16
印　　张：10
字　　数：285 千字
版　　次：2025 年 2 月第 1 版第 5 次印刷
定　　价：59.80 元

本书若有印装质量问题，请向出版社营销中心调换
全国免费服务热线 400-6679-118 竭诚为您服务
版权所有　侵权必究

本书编写委员会

● **编写委员会主任委员**

文健（广州城建职业学院科研副院长）

王博（广州市工贸技师学院文化创意产业系室内设计教研组组长）

罗菊平（佛山市技师学院设计系副主任）

叶晓燕（广东省城市建设技师学院艺术设计系主任）

宋雄（广州市工贸技师学院文化创意产业系副主任）

谢芳（广东省理工职业技术学校室内设计教研室主任）

吴宗建（广东省集美设计工程有限公司山田组设计总监）

刘洪麟（广州大学建筑设计研究院设计总监）

曹建光（广东建安居集团有限公司总经理）

汪志科（佛山市拓维室内设计有限公司总经理）

● **编委会委员**

张宪梁、陈淑迎、姚婷、李程鹏、阮健生、肖龙川、陈杰明、廖家佑、陈升远、徐君永、苏俊毅、邹静、孙佳、何超红、陈嘉銮、钟燕、朱江、范婕、张淏、孙程、陈阳锦、吕春兰、唐楚柔、高飞、宁少华、麦绮文、赖映华、陈雅婧、陈华勇、李儒慧、阚俊莹、吴静纯、黄雨佳、李洁如、郑晓燕、邢学敏、林颖、区静、任增凯、张琼、陆妍君、莫家娉、叶志鹏、邓子云、魏燕、葛巧玲、刘锐、林秀琼、陶德平、梁均洪、曾小慧、沈嘉彦、李天新、潘启丽、冯晶、马定华、周丽娟、黄艳、张夏欣、赵崇斌、邓燕红、李魏巍、梁露茜、刘莉萍、熊浩、练丽红、康弘玉、李芹、张煜、李佑广、周亚蓝、刘彩霞、蔡建华、张嫄、张文倩、李盈、安怡、柳芳、张玉强、夏立娟、周晟恺、林挺、王明觉、杨逸卿、罗芬、张来涛、吴婷、邓伟鹏、胡彬、吴海强、黄国燕、欧浩娟、杨丹青、黄华兰、胡建新、王剑锋、廖玉云、程功、杨理琪、叶紫、余巧倩、李文俊、孙靖诗、杨希文、梁少玲、郑一文、李中一、张锐鹏、刘珊珊、王奕琳、靳欢欢、梁晶晶、刘晓红、陈书强、张劼、罗茗铭、曾蔷、刘珊、赵海、孙明媚、刘立明、周子渲、朱苑玲、周欣、杨安进、吴世辉、朱海英、薛家慧、李玉冰、罗敏熙、原浩麟、何颖文、陈望望、方剑慧、梁杏欢、陈承、黄雪晴、罗活活、尹伟荣、冯建瑜、陈明、周波兰、李斯婷、石树勇、尹庆

● **总主编**

文健，教授，高级工艺美术师，国家一级建筑装饰设计师。全国优秀教师，2008年、2009年和2010年连续三年获评广东省技术能手。2015年被广东省人力资源和社会保障厅认定为首批广东省室内设计技能大师，2019年被广东省教育厅认定为建筑装饰设计技能大师。中山大学客座教授，华南理工大学客座教授，广州大学建筑设计研究院室内设计研究中心客座教授。出版艺术设计类专业教材120种，拥有自主知识产权的专利技术130项。主持省级品牌专业建设、省级实训基地建设、省级教学团队建设3项。主持100余项室内设计项目的设计、预算和施工，内容涵盖高端住宅空间、办公空间、餐饮空间、酒店、娱乐会所、教育培训机构等，获得国家级和省级室内设计一等奖5项。

● 合作编写单位

（1）合作编写院校

广州市工贸技师学院
佛山市技师学院
广东省城市建设技师学院
广东省理工职业技术学校
台山市敬修职业技术学校
广州市轻工技师学院
广东省华立技师学院
广东花城工商高级技工学校
广东省技师学院
广州城建技工学校
广东岭南现代技师学院
广东省国防科技技师学院
广东省岭南工商第一技师学院
广东省台山市技工学校
茂名市交通高级技工学校
阳江技师学院
河源技师学院
惠州市技师学院
广东省交通运输技师学院
梅州市技师学院
中山市技师学院
肇庆市技师学院
江门市新会技师学院
东莞市技师学院
江门市技师学院
清远市技师学院
山东技师学院
广东省电子信息高级技工学校
东莞实验技工学校
广东省粤东技师学院
珠海市技师学院
广东省工业高级技工学校
广东省工商高级技工学校
广东江南理工高级技工学校
广东羊城技工学校
广州市从化区高级技工学校
广州造船厂技工学校
海南省技师学院
贵州省电子信息技师学院

（2）合作编写企业

广东省集美设计工程有限公司
广东省集美设计工程有限公司山田组
广州大学建筑设计研究院
中国建筑第二工程局有限公司广州分公司
中铁一局集团有限公司广州分公司
广东华坤建设集团有限公司
广东翔顺集团有限公司
广东建安居集团有限公司
广东省美术设计装修工程有限公司
深圳市卓艺装饰设计工程有限公司
深圳市深装总装饰工程工业有限公司
深圳市名雕装饰股份有限公司
深圳市洪涛装饰股份有限公司
广州华浔品味装饰工程有限公司
广州浩弘装饰工程有限公司
广州大辰装饰工程有限公司
广州市铂域建筑设计有限公司
佛山市室内设计协会
佛山市拓维室内设计有限公司
佛山市星艺装饰设计有限公司
佛山市三星装饰设计工程有限公司
佛山市湛江设计力量
广州瀚华建筑设计有限公司
广东岸芷汀兰装饰工程有限公司
广州翰思建筑装饰有限公司
广州市玉尔轩室内设计有限公司
武汉半月景观设计公司
惊喜（广州）设计有限公司

序 言

技工教育是中国职业技术教育的重要组成部分，主要承担培养高技能产业工人和技术工人的任务。随着"中国制造2025"战略的逐步实施，建设一支高素质的技能人才队伍是实现规划目标的必备条件。如今，技工院校的办学水平和办学条件已经得到很大的改善，进一步提高技工院校的教育、教学水平，提升技工院校学生的职业技能和就业率，弘扬和培育工匠精神，打造技工教育的特色，已成为技工院校的共识。而技工院校高水平专业教材建设无疑是技工教育特色发展的重要抓手。

本套规划教材以国家职业标准为依据，以培养学生的综合职业能力为目标，以典型工作任务为载体，以学生为中心，根据典型工作任务和工作过程设计教材的项目和学习任务。同时，按照职业标准和学生自主学习的要求进行教材内容的设计，结合理论教学与实践教学，实现能力培养与工作岗位对接。

本套规划教材的特色在于，在编写体例上与技工院校倡导的"教学设计项目化、任务化，课程设计教、学、做一体化，工作任务典型化，知识和技能要求具体化"紧密结合，体现任务引领实践的课程设计思想，以典型工作任务和职业活动为主线设计教材结构，以职业能力培养为核心，将理论教学与技能操作相融合作为课程设计的抓手。本套规划教材在理论讲解环节做到简洁实用，深入浅出；在实践操作训练环节体现以学生为主体的特点，创设工作情境，强化教学互动，让实训的方式、方法和步骤清晰明确，可操作性强，并能激发学生的学习兴趣，促进学生主动学习。

为了打造一流品质，本套规划教材组织了全国40余所技工院校共100余名一线骨干教师和室内设计企业的设计师（工程师）参与编写。校企双方的编写团队紧密合作，取长补短，建言献策；让本套规划教材更加贴近专业岗位的技能需求和技工教育的教学实际，也让本套规划教材的质量得到了充分保证。衷心希望本套规划教材能够为我国技工教育的改革与发展贡献力量。

技工学校"十四五"规划室内设计专业教材 总主编

教授/高级技师 文健

2020年6月

前 言

本教材获评国家级技工教育和职业培训教材（中华人民共和国人力资源和社会保障部公布）。

居住空间设计是室内设计专业的一门专业核心课程和必修课。它涉及艺术和工程两大领域，是对技术与艺术知识的综合运用，解决的是在室内空间范围内使人居住得更舒适的问题。所涉及的学科包括心理学、行为学、人体工程学、建筑学、艺术学和美学等。

一体化课程教学改革是技工院校发展的重要内容。通过"工学结合"的目标教学，培养具有工匠精神的技术人才。本书编写参照我国人力资源和社会保障部发布的《一体化课程规范开发技术规程》，以国家职业标准为依据，以综合职业能力培养为目标，以典型工作任务为载体，以学生为中心，根据室内设计师岗位典型工作任务和工作过程设计项目和学习任务，做到理论体系求真务实，编写体例实用有效，体现新技术、新工艺和新规范。同时，将岗位中的典型工作任务进行解析与提炼，注重关键技能和素养的培养及训练，并融入教学设计，应用于课堂理论教学和实践教学，达到教材引领教学和指导教学的目的。本书也非常注重对学生综合职业素养的培养，并将其融入课堂的师生活动中。此外，本书还非常重视对中华优秀传统文化的传承，讲好中国故事，树立文化自信，将中国传统文化内涵、元素和符号有机引入专业教学之中，培养学生社会主义核心价值观和工匠精神。

本书精准把握了专业方向，概念准确，重点突出，语言朴实，通俗易懂，深入浅出，既有基本理论阐述，又有实践环节演练，训练方法科学有效。一方面能够帮助技工院校的老师更好地开展教学实践，另一方面学生如果能坚持按照书中的方法训练，在短时间内就可以使自己的专业技能和工作实践水平得到较大提高。本书所收录的大量精美图片和资料具备较高的参考及收藏价值，可作为技工院校（高级技工学校）、高职高专类院校艺术设计专业的基础教材，也可作为业余爱好者的自学辅导用书。

本书在编写过程中得到了广州城建职业学院、广州市工贸技师学院、佛山技师学院、新会技师学院、广东花城工商高级技工学校、广东省理工职业技术学校等多所职业类院校师生的大力支持和帮助，在此表示衷心的感谢。特别感谢为本书提供图片的江门市中域设计装饰工程有限公司。由于编者的学术水平有限，本书可能存在一些不足之处，敬请读者批评指正。

王博

2020年9月

课时安排（建议课时120）

项目	课程内容	课时	
项目一 居住空间设计概述	学习任务一 居住空间设计的基本概念	2	4
	学习任务二 居住空间的设计原则、设计程序与方法	2	
项目二 青年公寓空间设计	学习任务一 青年公寓空间使用调查和信息收集训练	4	28
	学习任务二 青年公寓空间方案设计和提案制作训练	12	
	学习任务三 青年公寓空间施工图绘制训练	8	
	学习任务四 青年公寓空间设计图纸整理编排与总结展示训练	4	
项目三 大户型洋房空间设计	学习任务一 大户型洋房空间使用调查和信息收集训练	4	32
	学习任务二 大户型洋房空间方案设计和提案制作训练	12	
	学习任务三 大户型洋房空间施工图绘制训练	12	
	学习任务四 大户型洋房空间设计图纸整理编排与总结展示训练	4	
项目四 别墅空间设计	学习任务一 别墅空间使用调查和信息收集训练	8	44
	学习任务二 别墅空间方案设计和提案制作训练	12	
	学习任务三 别墅空间施工图绘制训练	20	
	学习任务四 别墅空间设计图纸整理编排与总结展示训练	4	
项目五 居住空间设计案例赏析	居住空间设计案例赏析	12	12

项目一 居住空间设计概述

学习任务一 居住空间设计的基本概念 ……………………………… 002
学习任务二 居住空间的设计原则、设计程序与方法 …………… 009

项目二 青年公寓空间设计

学习任务一 青年公寓空间使用调查和信息收集训练 ………… 014
学习任务二 青年公寓空间方案设计和提案制作训练 ………… 024
学习任务三 青年公寓空间施工图绘制训练 …………………… 034
学习任务四 青年公寓空间设计图纸整理编排与总结
　　　　　　展示训练 ………………………………………… 042

项目三 大户型洋房空间设计

学习任务一 大户型洋房空间使用调查和信息收集训练 ……… 046
学习任务二 大户型洋房空间方案设计和提案制作训练 ……… 059
学习任务三 大户型洋房空间施工图绘制训练 ………………… 070
学习任务四 大户型洋房空间设计图纸整理编排与总结
　　　　　　展示训练 ………………………………………… 081

项目四 别墅空间设计

学习任务一 别墅空间使用调查和信息收集训练 ……………… 090
学习任务二 别墅空间方案设计和提案制作训练 ……………… 104
学习任务三 别墅空间施工图绘制训练 ………………………… 117
学习任务四 别墅空间设计图纸整理编排与总结展示训练 …… 125

项目五 居住空间设计案例赏析

项目一
居住空间设计概述

学习任务一　居住空间设计的基本概念
学习任务二　居住空间的设计原则、
　　　　　　设计程序与方法

学习任务一　居住空间设计的基本概念

教学目标

（1）专业能力：使学生了解和掌握居住空间设计的基本概念和居住空间的分类，熟悉居住空间设计的具体内容。

（2）社会能力：培养学生认真、细心、诚实、可靠的品质，以及人际交流的能力等。

（3）方法能力：培养学生自我学习能力、概括与归纳能力、沟通与表达能力。

学习目标

（1）知识目标：了解和掌握居住空间设计的基本概念和居住空间的分类，以及居住空间设计的具体内容。

（2）技能目标：能够正确表述居住空间的基本概念，并区分居住空间的类型。

（3）素质目标：具备一定的自学能力、概括与归纳能力、沟通与表达能力。

教学建议

1. 教师活动

（1）教师前期收集不同风格的居住空间设计案例作为图片展示，丰富学生对居住空间设计的认识，同时运用时下流行的 VR 全景效果进行展示，激发学生的学习兴趣。

（2）教师将思政教育融入课堂，引用中式风格典型设计案例，将设计案例中的中国传统文化元素分析作为切入点，引导学生关注和弘扬中国传统文化。

（3）教师在分享居住空间设计案例时，将室内设计师的职业发展规划融入课堂，引导学生产生职业认同感。

2. 学生活动

（1）学生在教师的引导下，通过赏析优秀的居住空间设计案例，进一步理解居住空间设计的基本概念。

（2）分组学习，构建以学生为主导地位的学习模式，以小组分工的学习形式互助互评，以学生为中心取代以教师为中心。

一、学习问题导入

本学习任务的内容主要为居住空间设计的基本概念和居住空间的分类。首先，一起欣赏图1-1～图1-4，大家是否能够辨别图片中的室内设计风格呢？图1-1是传统中式风格，空间内采用了很多中国传统造型和设计元素。图1-2是现代中式风格，因为加入了现代的设计元素，提炼了中国传统元素，被称为新中式风格。图1-3是传统欧式风格，金碧辉煌，富有奢华气息。图1-4是现代欧式风格，沿袭了一些传统欧式的设计元素，加入现代的设计理念，形成了新的设计风格。

图1-1 传统中式设计

图1-2 新中式设计 梁均洪 作

图1-3 传统欧式别墅设计

图1-4 现代欧式设计 梁均洪 作

二、学习任务讲解

1. 居住空间设计的基本概念

居住空间设计是指针对建筑内部居住空间进行的规划、布置和设计。对于居住者而言,居住空间不仅具有功能性,更是集装饰性与美观性于一体。居住空间设计包括对空间布局、交通流线、功能、空间界面、家具、陈设、色彩、采光、照明、通风等领域的设计,这些设计领域都和人的日常起居密切相关。

如今居住空间在越来越个性化、多元化的同时,也体现出人们对美好生活的追求。对居住空间设计的要求也从简单实用逐步过渡到更高层次的精神和艺术美学的追求。这就要求设计师从使用功能,以及从消费者的情感出发,发挥创新思维,设计出独特、新颖、具有时代气息的居住空间,满足使用者的需求,如图1-5~图1-7所示。

图1-5 纽约公寓520 West 28th 外观　　图1-6 纽约公寓520 West 28th 室内

图1-7 南京堂别墅娱乐室设计 梁志天 作

2. 居住空间的分类

居住空间按照建筑面积可以分为小户型居住空间、中户型居住空间和大户型居住空间。小户型居住空间是指建筑面积为20~70m² 的居住空间,又称单身公寓,适合未婚青年居住。中户型居住空间是指建筑面积为70~140m² 的居住空间,常见的户型包括两室两厅、三室两厅和四室两厅,是目前居住空间的主流,适合三口之家或四口之家居住。大户型居住空间是指建筑面积在140m² 以上的居住空间,包括大平层、复式楼和别墅。不同居住空间类型如图1-8和图1-9所示。

居住空间按照房型可以分为单元式居住空间、公寓式居住空间、复式居住空间和花园式居住空间(别墅)等。

(1)单元式居住空间也叫梯间式居住空间,是一种比较常见的类型。每个单元以楼梯间为中心布置住户,一层一般2~6户,有一定的公摊面积。常见的中户型居住空间就属于这种类型,如图1-10所示。

图 1-8 广州花都青年公寓设计 文健 作

图 1-9 大户型别墅设计

图 1-10 单元式居住空间 文健 作

（2）公寓式居住空间，即公共寓所类型的居住空间，每一层内有若干单户独用的套房，空间较小，属于小户型紧凑空间形式，适用于未婚的年轻人，如图1-11所示。

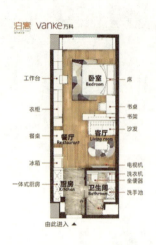

图1-11 公寓式居住空间——万科泊寓

（3）复式居住空间，也称复式住宅，一般将客厅、餐厅等公共空间布置在底层，将卧室、书房等私密空间布置在二层，形成空间的动静分离，如图1-12和图1-13所示。

（4）花园式居住空间，也称别墅，指带有独立花园、院子和车库的独栋式或联排式居住小楼，建筑密度较低，内部居住功能较为完备，户型数较多，如图1-14和图1-15所示。

图1-12 昆明绿地东海岸复式居住空间一层设计方案 文健 作

图1-13 昆明绿地东海岸复式居住空间二层设计方案 文健 作

图 1-14 中式风格花园式居住空间设计

图 1-15 现代风格花园式居住空间设计

3. 居住空间设计的内容

居住空间设计的内容如图 1-16 所示。

居住空间设计的内容	室内空间的规划设计	CAD 平面图
	地面、天花、墙面的装饰造型设计	
	室内色彩设计	3D 效果图
	室内采光、照明与通风设计	CAD 天花图
	室内装饰材料设计	CAD 立面图
	室内施工图设计	CAD 施工图
	家具与陈设设计	3D 效果图

图 1-16 居住空间设计的内容

三、学习任务小结

通过本次任务的学习，对居住空间设计的基本概念和居住空间的分类有了比较清晰的了解。同时，对居住空间设计的内容也有了较全面的认识，有了这些理论知识作为支撑，将为后续的课程学习和工作实践奠定良好的基础。课后，要多收集不同类型和不同风格的居住空间设计案例，提炼其中的设计元素，归纳设计理念，形成设计资料库，为今后的设计实践做好储备。

四、课后作业

（1）请简要阐述居住空间设计的基本概念和居住空间的分类。

（2）制作 20 页居住空间设计案例展示 PPT。

学习任务二 居住空间的设计原则、设计程序与方法

教学目标

（1）专业能力：使学生能够了解和掌握居住空间的设计原则和设计程序。

（2）社会能力：培养学生认真、细心、诚实的品质以及人际交流的能力等。

（3）方法能力：培养学生自我学习能力、概括与归纳能力、沟通与表达能力。

学习目标

（1）知识目标：了解和掌握居住空间的设计原则和设计程序，并能灵活应用。

（2）技能目标：能够正确表述居住空间的设计原则和设计程序。

（3）素质目标：具备一定的自学能力、概括与归纳能力、沟通与表达能力。

教学建议

1. 教师活动

（1）教师前期收集不同风格的居住空间的设计案例作为图片展示，丰富学生对于居住空间设计原则和设计程序的认识，同时运用时下流行的 VR 全景效果进行展示，激发学生的学习兴趣。

（2）教师引用中式风格典型设计案例，将设计案例中的中国传统文化元素分析作为切入点，引导学生关注和弘扬中国传统文化。

（3）教师在分享居住空间设计案例时，将室内设计师的职业发展规划融入课堂，引导学生产生职业认同感。

2. 学生活动

（1）学生在教师的引导下，通过赏析优秀的居住空间设计案例，进一步理解居住空间的设计原则和设计程序。

（2）分组学习，构建以学生为主导地位的学习模式，以小组分工的学习形式，互助互评，以学生为中心取代以教师为中心。

一、学习问题导入

本学习任务的内容主要为居住空间的设计原则和设计程序。什么是居住空间的设计原则？它应该包括什么内容？其实理解的原则必定是一个设计作品里关乎人的使用安全、舒适及一些行业标准，因此必须牢牢掌握设计作品中原则性的知识，并且融会贯通。如图 1-17 和图 1-18 所示，两幅设计作品中均使用了屏风，屏风在中式风格设计领域中的运用历史悠久，一般设置于室内的显著位置，起到分隔、视线遮挡和装饰的作用。屏风的制作形式多样，主要有立式屏风、折叠式屏风等。

图 1-17　新中式风格设计作品一

图 1-18　新中式风格设计作品二

二、学习任务讲解

1. 居住空间的设计原则

居住空间的设计原则是指居住空间设计时应该遵循的依据和准则，具体如下。

（1）安全性设计。

① 居住空间的安全性应包含室内使用设备的安全可靠性，如燃气管道的安装位置及燃气设备安装场所的排风措施、配电系统与电气设备的保护措施和装置、防雷措施与装置、配电系统的接地方式与接地装置等。

② 无障碍设计。

居住空间的安全性还表现在室内的无障碍设计上。无障碍设计狭义的理解包括地面无高差、平坦、行动不受阻碍等；广义的理解应是所有生活行为不受阻碍，例如空间能满足轮椅的进出与回转，能方便地操作和取物，能方便地进行个人卫生等。这种功能上的无障碍性表达了对弱势群体的关爱和帮助。

（2）私密性设计。

空间的私密性设计主要通过确保空间的独立使用性，即私密性来实现。家庭是一个"小社会"，只有彼此之间不发生太多干扰，才能建立起和谐、亲密的家庭关系，保障每个家庭成员的学习、工作和休息。

在居住空间设计中，要特别注意保护住户的私密性，为每个家庭成员提供一个只属于自己的私人空间，这是个人成长与人格完善的重要条件，也是评价居住健康的一项重要指标。

在居住空间区域划分中，要分出公共区域和私密区域。客厅、餐厅、酒吧、KTV 室等属于公共区域，也可以理解为动态区域；卧室、书房、卫生间等属于私密区域，也可以理解为静态区域。居住空间的动静分区是设计中必须遵循的原则。

（3）舒适性设计。

① 合理的功能分区。

清晰明确的功能分区可以减少相互的干扰和影响，提高空间的使用效率，增强空间的舒适性。在居住空间功能分区的布局中，既有动静分区，又包括卫生间的干湿分区、厨房的洁污分区等。例如户型较大的居住空间可以设置两个厨房，中式厨房油烟较重，可以采用封闭式设计，西式厨房油烟较少，可以采用开放式设计。卫生间的干湿分区不仅有利于空间的高效使用，而且对节能、清洁都有利。

② 适宜的空间尺度。

适宜的空间尺度是居住空间设计需要把握的原则，体现为对空间的高效利用和人机工程学尺寸的精准设计。例如客厅是社交、会客以及家庭聚会、休闲娱乐的场所，因此客厅的面积应该相对大一些，这样不会显得局促。卧室是私密性空间，面积不用太大，以免因为空旷而产生孤独的心理感受。

2. 居住空间的设计程序

居住空间的设计程序包括设计准备、前期材料收集、方案概念设计、方案深化设计、施工图绘制、方案实施六个阶段。

（1）设计准备阶段。

居住空间的设计准备阶段，应明确空间设计的基本要求，了解居住空间的类型、功能、结构，收集现场相关资料。具体包括以下几个方面。

① 确定室内各个空间的使用功能，清楚了解业主的情况，包括年龄、职业、喜好、家庭成员组成等信息，并咨询业主对于室内的空间规划，以及功能分区的建议。

② 确定室内装修风格。

③ 明确投资预算，根据具体的投资预算精准地进行方案设计。

（2）前期材料收集阶段。

① 获取原始土建图。原始土建图也称为原始建筑图或原始结构图，是最原始的建筑平面图。

② 进行现场测量，并记录现场的梁柱构造方式、空间层高、门窗大小、管道布置情况等现场信息。

③ 根据业主对设计风格的要求，寻找设计素材或概念设计图片。

（3）方案概念设计阶段。

方案概念设计是指由分析用户需求到生成概念产品的一系列有序的、可组织的、有目标的设计活动，它表现为一个由粗到精、由模糊到清晰、由抽象到具体的不断进化的过程。方案概念设计的目的在于设计师能够快速地把设计构思和设计理念传递给客户，有助于设计师明确设计方向，为下一步的深化设计做好准备。方案概念设计阶段可以采用手绘的方式进行空间表现，手绘表现图虽然没有电脑效果图真实，但是在时间上更有优势，如图1-19所示。另外，还需要将方案概念设计以设计图册的方式展现出来。设计图册包括基础的平面布置图、空间设计手绘草图、设计意向图、软装物料参考图等，还可以适当加入文字进行说明。

图1-19 客厅空间设计手绘草图 梁均洪 黄梦超 作

（4）方案深化设计阶段。

在方案概念设计得到认可以后，就进入到方案深化设计阶段。方案深化设计主要是制作更加真实的电脑效果图，目的是将居住空间装修完成后的真实样貌提前展示出来。随着科技的进步，电脑效果图已经不再是静态的单张图纸，而是动态的VR全景图，其效果更加逼真，给人一种身临其境的感觉。

（5）施工图绘制阶段。

施工图包括室内拆墙图、砌墙图、平面布置图、天花图、地材铺贴图、水电图、灯位图、插座图、家具尺寸图、排污排水图、立面图、剖面图、节点大样图等，是指导施工作业的标准化图纸。

（6）方案实施阶段。

方案实施阶段的首要任务是和施工队对接，进行技术交底，详细沟通施工的做法及工艺、施工细节、材料的规格与颜色等内容，施工过程中设计师还要不定时跟进施工进度，保证设计效果的完美呈现。

三、学习任务小结

通过本次任务的学习，对居住空间的设计原则和设计程序有了比较清晰的了解和认识。有了这些知识作为支撑，将为后续的课程学习和工作实践奠定良好的理论基础。课后，要多收集不同类型和不同风格的居住空间设计案例，从中发现更多居住空间的设计原则，提炼其中的设计元素，归纳设计理念，形成设计资料库，为今后的设计实践做好储备。同时，要在老师的带领下亲临施工现场，切身体会施工的全过程。

四、课后作业

（1）寻找一些与居住空间设计原则相关的设计作品。

（2）尝试通过自己的语言阐述个人对居住空间设计原则的理解。

一、项目任务情境描述

周先生在绿地东海岸－滇池畔酒店式青年公寓购买了一间 45m² 的公寓，打算自住，最近已经办理了收房手续，但他特别不喜欢公寓自带的装修风格，现计划重新装修这间公寓。周先生今年 29 岁，单身，是某医药公司销售经理。他追求简单、舒适的生活，希望在家的时间是自由和放松的。他喜欢看书、运动，偶尔会自己做料理或者饭菜，享受个人的时光。周先生的同学张老师是某校室内装饰专业教师，周先生将公寓空间设计的任务委托给了张老师，并要求其在两周内完成方案设计。负责本项目的设计师（张老师）计划与助理设计师（学生）合作完成该项目。

二、项目任务实施分析

1. 青年公寓空间使用调查和信息收集

（1）设计师（张老师）带领助理设计师（学生）到达青年公寓施工现场，与业主进行沟通，并对现场进行测量和拍照，用手绘的形式绘制原始结构图，并记录相关尺寸数据和管线、梁柱等部位，了解和记录项目基本信息。

（2）助理设计师（学生）提前做好客户调查表，记录业主提出的需求，包括空间功能的分布、装修风格、对空间的特殊要求、材料的选用、工程预算和预计工期等，并分析业主个性化需求，收集相关资料。

（3）使用 CAD 软件，参考手绘原始结构图绘制公寓空间 CAD 原始结构图，完成后交给设计师做平面布置方案。

【工作成果】：手绘原始结构图、CAD 原始结构图。

【学习成果】：客户调查表、方案设计工作计划。

2. 青年公寓空间方案设计和提案制作

（1）助理设计师积极与设计师沟通，并按照设计师的设计概念完成手绘草图绘制，手绘草图内容反映功能、空间、风格、技术四个方面。

（2）根据设计师的设计意图和手绘草图完成青年公寓主要空间效果图 2～3 张。

（3）根据设计师的设计意图和手绘草图完成设计提案制作（含设计说明）。

（4）根据设计师的设计意图和手绘草图方案明确施工图绘图任务、要求和时间节点，并制定施工图绘制工作计划。

【工作成果】：手绘草图、主要空间效果图、设计提案（PPT）。

【学习成果】：施工图绘制工作计划。

3. 青年公寓空间施工图绘制

（1）根据设计师提供的手绘草图方案，绘制出符合国家标准和规范的室内平面布置图、地面材质图、天花图、灯具布置图、强电插座平面图、灯具开关连线图。

（2）根据设计师提出的深化设计方案，绘制出符合国家标准和规范的主要空间立面图。

（3）与设计师沟通，明确空间设计风格的主要造型特点以及应用的材料与工艺，根据设计师提供的造型节点手绘草图绘制出节点剖面图、大样图。

（4）根据建筑平面图绘制出符合国家标准和规范的电气及冷热水管走向图。

（5）根据制图规范完成图纸封面、目录，并对整套施工图进行排版。

（6）制作工程材料做法表、材料分类表。

【工作成果】：全套施工图，包括封面、目录、原始户型图、平面布置图、地面材质图、天花图、灯具布置图、强电插座平面图、灯具开关连线图、立面图、剖面图、大样图、水电图、材料做法表、材料分类表。

【学习成果】：施工图绘制计划。

（7）提交全套施工图给设计师进行审核，并根据设计师的反馈意见对施工图进行修改和完善。

【工作成果】：全套施工图定稿。

4.青年公寓空间设计图纸整理编排与总结展示

（1）对审核通过的全套施工图和效果图进行展示。

（2）总结方案设计过程中遇到的各种难点和问题，并分享项目制作中的收获和经验。

【学习成果】：总结汇报 PPT。

三、项目任务学习总目标

学习本项目任务后，学生能够配合设计师完成青年公寓空间的方案设计工作，严格执行室内装饰企业安全管理制度，养成工作过程中语言的沟通与表达、信息的解读与重构、团队合作能力及遵纪守法、爱岗敬业、团结合作、认真细致、一丝不苟的职业素养，项目任务学习目标如下。

（1）能够与客户、设计师进行专业的交流与沟通，明确工作任务、时间和要求，了解客户需求，能够向客户展示自己的专业能力。

（2）能够按照工作流程和标准完成青年公寓空间现场勘测及尺寸记录。

（3）能正确地识读青年公寓空间平面原始结构图，并能进行户型分析，辨别墙体结构中的承重墙和非承重墙，进行空间平面布置规划。能够懂得造型设计的基本原理及形式美法则在实际中的应用，并能够手绘青年公寓平面图、空间效果图等，会制作设计项目提案。

（4）能进一步收集、分析、运用与设计任务有关的资料与信息，构思立意，进行方案的分析与比较，完成方案设计，结合客户的具体需求正确绘制出手绘草图。

（5）能根据项目的设计要求，确定设计风格，将设计风格融入室内空间设计，制定符合客户需求的设计方案。

（6）能按照国家统一的室内制图规范和标准，绘制青年公寓空间平面图、立面图、天花图、水电图、拆墙图、砌筑图等。

（7）根据客户需求或设计需要修改图纸，并能按照公司管理制度将完成后的图纸交付设计总监审核。

（8）能够跟施工队进行工程现场交底，并能向施工人员讲解施工方法、材料规格的使用，与业主确认预算增减单，绘制有变动的施工图，协调办理相关手续。

（9）能够将最终图纸资料整理、归类与存档，并提供给项目主管备档。

（10）能够按照公司管理规定，节约使用各类耗材。

学习任务一　青年公寓空间使用调查和信息收集训练

教学目标

（1）专业能力：

① 助理设计师能够了解和掌握青年公寓空间的基本概念和特征，能够学会量房；

② 能够徒手绘制原始结构图；

③ 能够利用CAD绘制原始结构图；

④ 能够通过与客户交流，高效地完成公寓空间的客户调查表及方案设计工作计划的制定。

（2）社会能力：培养团队合作的精神及人际交流的能力；培养认真、细心、诚实、可靠的品质，树立客户服务观念，增强客户服务意识。

（3）方法能力：信息和资料收集能力、案例分析与理解能力、归纳总结能力、创新能力。

学习目标

（1）知识目标：能够了解和掌握优秀青年公寓空间设计的评判标准、设计原则、空间设计程序，以及施工现场测量和拍照的技巧和方法；掌握手绘原始结构图的绘制步骤和方法，以及CAD原始结构图的绘制要点；能完成客户调查表和方案设计工作计划的编制。

（2）技能目标：能够从优秀的青年公寓空间设计案例中总结青年公寓空间设计的规律，并创造性地运用到设计项目中；能够按照工作标准和要求完成青年公寓空间手绘原始结构图和CAD原始结构图的绘制。

（3）素质目标：收集信息的能力、语言表达与沟通的能力、团队合作的能力，树立客户服务观念，增强客户服务意识。

教学建议

1. 教师活动

（1）教师展示优秀青年公寓空间设计案例并提问，引导学生完成案例赏析，提高学生对公寓空间的鉴赏能力。引导学生通过网络、手机等信息化平台收集信息，培养和提升学生信息收集能力。

（2）引导学生认识中华传统文化元素在青年公寓空间设计中的运用规律，并结合学生喜闻乐见的空间场景设计，讲授青年公寓空间设计的技巧和方法。

（3）教师组织学生分组完成学习任务工作实践，并组织各小组完成学习成果的自评、互评以及教师点评。

2. 学生活动

（1）在教师的引导下完成教师提问回答和优秀青年公寓案例赏析，能够按照工作标准和要求完成青年公寓空间手绘原始结构图和CAD原始结构图的绘制，能够完成客户调查表、方案设计工作计划的制作。

（2）在教师的组织和引导下完成青年公寓空间设计学习任务工作实践，并进行自评、互评、教师点评等。

（3）构建有效促进学生自主学习、自我管理的教学模式和评价模式，突出学以致用，以学生为中心取代以教师为中心。

一、学习问题导入

本次学习任务将进入青年公寓使用调查和信息收集的工作实践环节,在这个环节中需要完成哪些工作任务呢?主要包括青年公寓手绘原始结构图绘制、CAD 原始平面图绘制、客户调查表编制和客户调查,以及方案设计工作计划的编制。

二、学习任务工作实践

1. 青年公寓手绘原始结构图绘制

(1)青年公寓的基本概念。

青年公寓大多集中在市区繁华地段,以其便利的交通、较小的面积、合理的价格、完备的物业管理及时尚的包装理念,受到年轻购房者的追捧,成为居住体系中的一个有机组成部分。

青年公寓的用户对象主要为公司白领、新婚小家庭等为事业拼搏的年轻一族,这些人工作年限短,区域流动性大,收入较高,讲究生活品质,对时尚生活的需求强烈,并且对交通、生活设施和环境的依赖程度较高,对周边的配套设施要求比较苛刻,需要独立的个人空间。

青年公寓的面积不大,一般为 30 ~ 60m^2,包括 1 ~ 2 间卧室、1 个相连的客厅和餐厅、1 个卫浴间、1 个厨房和 1 个阳台。青年公寓兼顾了实用性和功能性,在基本满足日常生活空间需求的基础上,可合理地安排多种功能活动,包括起居、娱乐、会客、储藏、学习等。

(2)青年公寓空间设计程序和设计原则。

① 青年公寓空间设计程序见表 2-1。

表 2-1 青年公寓空间设计程序

阶段	项目内容
收集和获取信息阶段	1. 用户的需求、预期的效果
	2. 用户拟投入的资金、要求的装修档次
	3. 材料设备价格、工时定额资料、各工种的配合
	4. 熟悉设计规范
	5. 进行实地考察、现场测量
方案设计阶段	1. 平面图布置、立面图、天花造型手绘草图等
	2. 效果图制作(包括手绘效果图)
	3. 工程预算
施工图绘制阶段	1. 补充施工所必要的有关平面布置图、室内立面图等图纸
	2. 构造节点详图、细部大样图、设备管线图
	3. 编制施工说明和工程预算(或工程概算)

② 青年公寓空间设计原则。

a. 开放式设计的原则。

将浴缸放置于卧室阳台上,配合大玻璃落地窗,这种开放式设计克服了狭小空间带来的沉闷感,让室内外空间实现更好的交流,如图2-1所示。

图2-1 青年公寓开放式设计

b. 以现代时尚风格为主的原则。

青年公寓的装修风格大多以现代时尚风格为主,如图2-2所示。现代时尚风格的设计造型简洁,装饰简约,色彩鲜明,时尚感强,与年轻人的年龄和性格较为相配。

图2-2 青年公寓现代时尚风格设计

c. 独特设计创意的原则。

如果把青年公寓仅仅当成一处睡觉的居所,那生活必然是空虚无聊的。将年轻人的梦想、爱好、生活情趣融入设计之中,营造一个让人自娱自乐的天堂,可以让年轻人的生活更加多姿多彩,如图2-3所示。

图2-3 独特设计创意的青年公寓

d. 以鲜活明快的色彩为主的原则。

色彩对人情绪的影响很大，而根据年轻人的年龄特征，暗淡的色彩会令人心情低迷、意志消沉；而明快、亮丽的色彩则可以令人精神振奋、心情愉悦。

e. 使用多功能家具的原则。

多功能家具可以实现功能的多样化，并最大限度地利用空间，全屋定制家具是目前多功能家具设计的潮流，如图 2-4 所示。

图 2-4 采用多功能家具的青年公寓

（3）青年公寓原始结构图的测量和记录。

① 工具的准备：工具准备齐全是量房进程顺畅的保证，必备的工具主要包括卷尺、电子尺、纸、笔；选择性的工具包括画板和不同颜色的笔，画板便于手绘草图时作为垫板，而不同颜色的笔可以对墙体、管道、门窗进行标识。

② 进入现场：进入现场先观察户型的结构、梁柱的位置、管道的布置、门窗的朝向等，为现场记录做好准备。

③ 开始量房：先将户型的平面图大致手绘出来，有了基本户型的轮廓之后，再开始量房。电子尺适用于测量距离远的尺寸，卷尺适用于测量距离近的尺寸。电子尺使用时要注意红点与自身起始点是不是在同一水平线上，红线越水平，结果就越准确，如图 2-5 所示。

图 2-5 现场量房

④ 量房记录：整个记录过程要做到清晰、准确、细致，各个空间的总体长度和宽度，柱子的厚度，窗和窗台的高度、宽度、厚度，房间的高度等都要进行精细的测量和记录，如图2-6所示。

⑤ 拍照记录：在量房的同时，为了方便回顾现场，可以拍摄照片和视频，对现场进行记录。

图2-6 量房记录

⑥ 勘测房屋的物理状态：一是地面的平整度，因为这对铺地砖、地板等施工作业有影响；二是墙壁的平整度，这对墙壁的施工作业有影响；三是顶面的情况，看看顶面是否有裂缝、水迹及霉变；四是门窗的密闭情况；五是检查厨房和卫生间，标示出马桶、下水道、地漏和通风井道的具体位置，为水电图的绘制提供依据。

（4）青年公寓手绘原始结构图的绘制步骤。

① 从入门的左边开始画起，到门的右边结束。一般从入户门开始画，最后回到入户门的另一边，按照量房的顺序从左到右进行绘制。

② 画出墙体的长度；标出窗户本身的长、宽、高；标出梁的宽和高。

③ 标明烟道、燃气表、下水道的位置和尺寸。

④ 标明地漏、空调口、强电箱、弱电箱的位置和尺寸。

⑤ 标明可视电话、报警按钮、层高、卫生间下沉的位置和尺寸。

（5）技能要求（含职业素养）。

① 能够按照量房程序独立完成青年公寓空间的测量和拍照记录。

② 能够独立完成青年公寓手绘原始结构图的绘制，如图2-7所示。

（6）工作实践目标和要求。

结合本学习环节所学习的知识和技能，参照图2-7完成青年公寓手绘原始结构图的临摹，具体目标和要求如下。

① 手绘原始结构图梁柱标注完整清晰。

② 烟道、燃气表、下水道柱标注完整清晰。

③ 地漏、空调口、强电箱、弱电箱标注完整清晰。

④ 可视电话、报警按钮、层高、卫生间的下沉标注完整清晰。

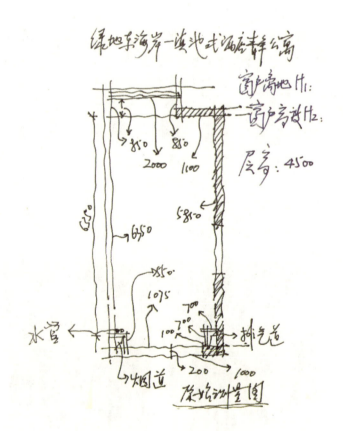

图2-7 青年公寓手绘原始结构图

2. 青年公寓CAD原始结构图绘制

（1）注意事项。

① 注意原始尺寸、墙体的厚度。

② 注意层高、梁、柱、门、窗的位置。

③ 注意强电箱、弱电箱、管道、地漏、空调口等的位置。

（2）技能要求（含职业素养）。

① 能够正确地识读青年公寓手绘原始结构图。

② 能够参照手绘原始结构图，利用CAD软件绘制符合国家制图规范和标准的青年公寓CAD原始结构图。

（3）原始结构平面图工作实践目标和要求。

结合本工作环节所学的知识和技能，参照图2-8，利用CAD软件绘制青年公寓CAD平面布置图，具体目标和要求如下。

① 绘制出的平面图比例准确，图例清晰，结构准确，层次分明。

② 符合国家制图标准及行业规范。

③ 标注齐全、构造合理、含文字说明。

3. 青年公寓客户调查表编制和客户调查

客户调查表详见附录。

（1）注意事项。

① 客户调查表指示要清楚明晰、问题要具体。

② 客户调查表的问题应是比较容易回答的，注意礼貌用语。

③ 客户调查表问题的用词要精确及适当，问卷的布局形式要美观、清晰。

（2）技能要求。

① 能够结合青年公寓空间特征和实际工作需要完成青年公寓客户调查表的编制。

② 能够专业地与客户进行沟通并完成客户调查。

（3）工作实践目标和要求。

结合本工作环节所学的知识和技能，参照模板，完成客户调查表的编制及客户信息调查，具体目标和要求如下。

① 调查目的明确。

② 写出具体问题和选项。

③ 客户的背景资料要了解详细。

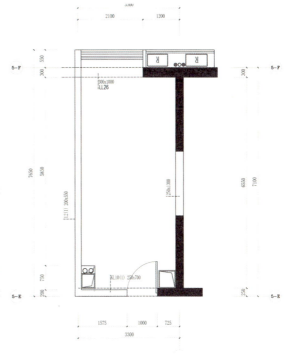

图2-8 首层原始结构平面图 李远涵 作

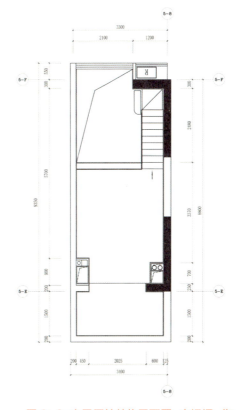

图2-9 夹层原始结构平面图 李远涵 作

4. 青年公寓方案设计工作计划的编制

（1）工作计划。

① 青年公寓方案设计工作计划的编制应严格按照室内空间方案设计的工作流程和节点进行，大体分为设计准备阶段、方案设计阶段、施工图绘制阶段和设计实施阶段。

② 分工精细、明确。

③ 工作计划应具体详细、有针对性。

（2）技能要求（含职业素养）。

能够根据项目的实际情况完成青年公寓方案设计工作计划的编制。

（3）工作实践目标和要求。

参考室内空间设计工作流程，完成青年公寓方案设计工作计划的编制，具体要求如下。

① 明确青年公寓设计的基本流程、基本步骤和方法。

② 分工具体，任务明确。

③ 内容详细，时间安排合理，具有可实施性。

青年公寓方案设计进度计划见表2-2。

表 2-2 青年公寓方案设计进度计划

时间	第 周							第 周							第 周							第 周							备注
工作内容	一	二	三	四	五	六	日	一	二	三	四	五	六	日	一	二	三	四	五	六	日	一	二	三	四	五	六	日	
1. 手绘原始结构平面图																													
2. CAD原始结构平面图绘制																													
3. CAD平面布置图（平面设计方案）																													
4. 3ds max效果图绘制、设计提案制作																													
5. 施工图绘制																													
6. 校对、审核																													
7. 出图、签字、盖章																													签字盖章

设计单位：
公司电话：
传真号码：
说明：此表格仅供参考，实际操作过程中，如有工作量的变动，进度计划需适当调整。

制表人：
制表日期： 年 月 日

三、学习任务自我评价

学习任务自我评价见表 2-3。

表 2-3 学习任务自我评价

姓名		班级			
时间		地点			
序号	自评内容	分数	小组自评	小组互评	教师参评
1	在工作过程中表现出的积极性、主动性和发挥的作用	10			
2	信息收集方法的正确性	10			
3	手绘原始结构图	40			
4	CAD 绘制原始结构图	20			
5	与客户沟通的技巧	10			
6	上台展示的效果	10			
总分		100			
认为完成好的地方					
认为完成不满意的地方					
认为整个工作过程需要完善的地方					
自我评价: 小组评价: 教师评价: 技术文件的整理与记录:					

四、课后作业

1. 项目要求

（1）根据所提供的 CAD 青年公寓原始结构图（图 2-9），绘制原始结构草图，并使用 CAD 软件绘制原始结构图，完成方案设计。

（2）制定方案设计工作计划，编写设计说明。

（3）完成业主调查表（记录业主提出的需求，如空间功能的分布、装修风格的确定、对空间的特殊要求、材料的选用、工程预算、预计工期等），分析业主个性化需求，收集相关资料（装修风格图片及其与风格相对应的材料）。

2. 青年公寓设计任务的实施

（1）根据业主的需求制定方案设计工作计划（分工合作）。

（2）编写设计说明，做好上台讲解的准备（分工合作）。

（3）展示原始结构草图、CAD 原始结构图、设计理念、设计风格和设计特色（每组派一个代表上台讲解）。

（4）小组自评、小组互评与教师参评。

（5）任务完成情况分析与总结。

学习任务二 青年公寓空间方案设计和提案制作训练

教学目标

（1）专业能力：

① 助理设计师能够积极与设计师沟通，并根据设计师的设计构思完成手绘草图的绘制；

② 根据设计师设计意图和手绘草图完成青年公寓主要空间效果图（至少3张）；

③ 根据设计师设计意图和手绘草图完成设计提案制作（含设计说明）；

④ 根据设计师设计意图和手绘草图明确施工图绘图任务要求和时间节点，并制定一份施工图绘制工作计划。

（2）社会能力：培养团队合作的精神以及人际交流的能力，培养认真、细心、诚实、可靠的品质，树立客户服务观念，增强客户服务意识。

（3）方法能力：信息和资料收集能力、案例分析与理解能力、归纳总结能力、创新能力。

学习目标

（1）知识目标：能够了解和掌握优秀青年公寓空间的评判标准、设计原则、设计技巧和方法；能够掌握青年公寓手绘草图的基本步骤和要领；能够掌握青年公寓3ds max效果图绘制和表现的技巧和方法；能够掌握青年公寓项目提案制作的要点和方法。

（2）技能目标：能够从优秀的青年公寓空间设计案例中总结青年公寓空间设计的规律，并创造性地运用到实际青年公寓空间设计项目中；能够按照设计师的设计概念完成手绘草图；能够完成青年公寓主要场景效果图（至少3张）；能够完成项目设计提案制作（含设计说明）；能够根据项目实际情况合理制定一份施工图绘制工作计划。

（3）素质目标：收集信息的能力、语言表达与沟通的能力、团队合作的能力，树立客户服务观念，增强客户服务意识。

教学建议

1. 教师活动

（1）教师展示优秀青年公寓空间设计案例并提问，引导学生完成案例赏析，使学生了解和掌握优秀青年公寓空间的评判标准。同时运用多媒体课件、教学视频等多种教学手段讲授青年公寓空间设计原则、规律及技巧和方法，并指导学生进行青年公寓空间设计训练。

（2）教师将思政教育融入课堂教学，引导学生认知中华传统文化元素在青年公寓空间设计中的运用规律，并结合学生喜闻乐见的空间场景设计讲授青年公寓空间设计技巧和方法。

（3）教师组织学生分组完成学习任务工作实践，并组织各小组完成学习成果的自评、互评以及教师参评。

2. 学生活动

（1）在教师的引导下完成教师提问回答和优秀青年公寓案例赏析，完成青年公寓设计规律、原则、技巧、方法的学习和手绘草图的绘制、3ds max效果图绘制、设计提案制作、施工图绘制、工作计划制定等工作任务实践。

（2）在教师的组织和引导下完成青年公寓空间设计学习任务工作实践，进行自评、互评、教师点评等。

（3）构建有效促进学生自主学习、自我管理的教学模式和评价模式，突出学以致用，以学生为中心取代以教师为中心。

一、学习问题导入

本次学习任务将进入青年公寓方案设计的核心工作环节,即方案设计和提案制作。方案设计和提案制作是室内设计师的核心工作技能,对这项技能的掌握程度能够直接反映出室内设计师设计水平的高低。如何才能高质量地完成方案设计和提案制作呢?首先需要明确一个优秀的青年公寓案例一般具备哪些特征。结合以下青年公寓案例,可以尝试进行分析。

案例一:迈斯-苍南时代御园青年公寓样板房设计

项目名称:苍南时代御园青年公寓样板房。

项目面积:90m²。

项目风格:现代时尚简约。

全案设计单位:浙江迈斯建筑装饰设计有限公司。

项目描述:该户型为两个单身公寓的组合,可商用可当住宅,符合当下年轻的创业人群的居住要求。左边的公寓有办公区和产品展示中心,以及独立的卫生间,居中有会客功能,整体风格现代、时尚、明快。右边的公寓以居住和会客为主,两个单身公寓由独立的暗门连通。休息室和客厅以玻璃屏风隔开,空间宽敞合理;配以现代质感的家具、高雅的色彩组合,使得空间更加清爽;少许的不锈钢、木皮拼花给空间带来现代、时尚的感觉;自然光形成柔和的阴影,并且凸显物品本身的细微部分;撷取大自然的色彩设计,让空间充满活力和生机,如图2-10~图2-14所示。

图2-10 卧室设计

图2-11 客厅设计

图2-12 卧室一角设计

图2-13 书房设计

图2-14 客厅一角设计

二、学习任务工作实践

1. 青年公寓手绘草图绘制

（1）青年公寓设计注意事项。

① 充分利用空间。

青年公寓面积较小，既要满足人们起居、会客、储藏、学习等多种生活需求，使室内空间不致产生杂乱感，还要留有余地，便于主人展示自己的个性，这就需要对其进行合理安排，充分利用空间。例如，可以利用墙面、角落多设计吊柜、壁橱等家具，以节省占地面积，也可以选择多功能组合柜，利用一物多用来节省空间，如图2-15和图2-16所示。

图 2-16 榻榻米下方可做储藏

图 2-15 利用到顶的柜子增大收纳空间

② 采用灵活的空间布局。

由于面积较小，青年公寓应采用灵活的空间布局，根据空间所容纳的活动特征进行分类处理，将会客、用餐等公共活动区域布置在同一空间，而将睡眠、学习等私密活动区域纳入另一空间，同时要注意活动区域互不干扰，可以利用硬性或软性的分隔手段区分两个区域，如图2-17所示。

③ 注重扩大空间感。

可以采用开放式厨房或餐厅、客厅并用等布局，在不影响使用功能的基础上，利用空间的相互渗透增加层次感和扩大空间感。利用材质、造型、色彩及家具区分空间，尽量避免绝对的空间划分，如图2-18所示。利用采光来扩充空间感，使空间变得明亮开阔，在配色上应采用明度较高的色系，最好以柔和亮丽的色彩为主调，避免造成视觉上的压迫感，使空间显得宽敞，如图2-19所示。

④ 家具选择注重实用性。

在家具选择上要注重实用性，尺寸可以小巧一点，应选择占地面积小、收纳容量大的家具，或者选用可随意组合、拆装、折叠的家具。这样既可以容纳大量物品，又不会占用过多的室内面积，为空间活动留下更大的余地。

图 2-17 开放式空间设计

（2）青年公寓手绘草图的绘制步骤及技巧和方法。

① 强调多方案构思对比，大量徒手绘制草图，进行平面功能规划和空间形象构思。

② 分析室内原型空间及已有条件，确定主要功能区的大体位置，并进行功能分区，画出功能分区图。

③ 分析各功能空间应满足的功能需求，对各功能区进行内部规划，考虑人机工程学，布置合适的家具。

④ 研究立面造型，推敲立面细部，满足功能和装饰艺术需要，并与顶棚和平面协调。

⑤ 统一平面、顶棚和立面三者的关系，考虑造型、色彩、材质的完美结合。

⑥ 设计上要求功能合理，体现人性化环境，确定装饰风格，满足业主情趣和品位。

图 2-18 可折叠式桌子的应用

（3）技能要求（含职业素养）。

① 能够结合业主的需求科学合理地规划和布局公寓空间。

② 能够根据前期的设计构思完成青年公寓空间手绘草图。

（4）工作实践目标。

① 参照图 2-20 和图 2-21 完成青年公寓平面布置手绘草图。

② 参照图 2-22 完成主要空间立面手绘草图。

③ 参照图 2-23 完成二层天花手绘草图。

④ 参照图 2-24、图 2-25 和图 2-26 完成主要空间手绘草图。

图 2-19 浅色调的客厅更显宽阔

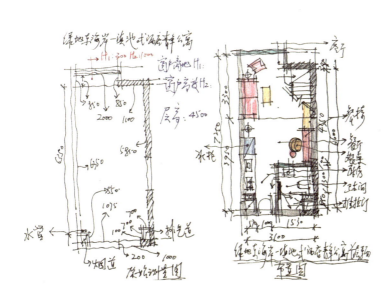

图 2-20 原始测量图和平面布置图

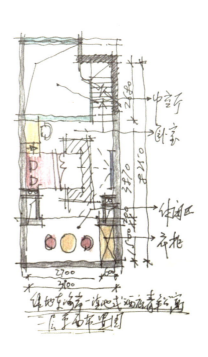

图 2-21 二层平面布置图

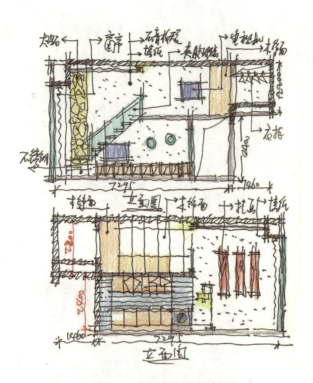

图 2-22 主要空间立面图

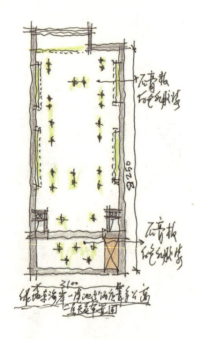

图 2-23 二层天花布置图

图 2-24 卧室手绘草图

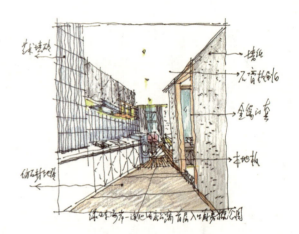

图 2-25 首层入口厨房手绘草图

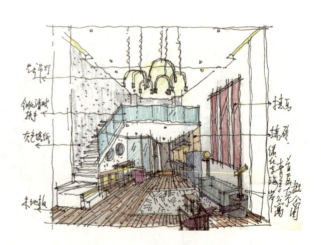

图 2-26 首层大厅手绘草图

（5）工作实践要求。

① 画面形式整体、统一、完整，脉络清晰有序。

② 设计方案构思合理、立意鲜明，且富有创意。

③ 画面中的明暗关系、疏密层次关系、软硬质铺装关系、主次节点对比关系体现清晰。

④ 交通层级划分明确，道路通顺。

⑤ 突出重点内容，且需细致刻画，并具有一定的表现能力。

2. 青年公寓 CAD 平面布置图和彩图绘制

（1）注意事项。

① 确定空间内部构件形状、位置及其组合形式，内部应布置固定设备。

② 确定地面的基本材料和天花形式。

③ 标注必要尺寸。

④ 标注空间名称、图名及比例。

（2）技能要求（含职业素养）。

① 能够参照平面手绘草图，应用 CAD 软件完成平面布置图的绘制。

② 能够应用 Photoshop 软件制作平面布置彩图。

（3）工作实践目标。

① 参照图 2-20、图 2-21，结合平面手绘草图完成 CAD 平面布置图的绘制，如图 2-27、图 2-28 所示。

② 参考图 2-22 完成青年公寓平面布置彩图的绘制，如图 2-29 所示。

（4）工作实践要求。

要求平面布置合理且富有创意，行走路线流畅。

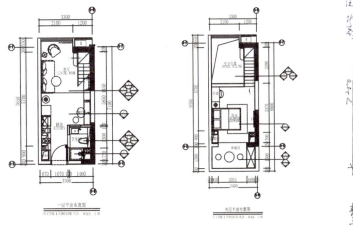
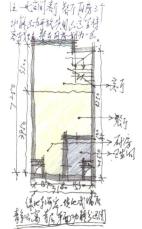
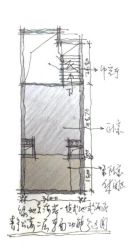

图 2-27 首层平面布置图　　图 2-28 夹层平面布置图　　图 2-29 功能分区图

3. 青年公寓 3ds max 效果图绘制

（1）注意事项。

① 青年公寓效果图绘制程序。

青年公寓效果图的绘制按照空间建模、家具建模、添加材质、制作灯光、渲染效果图和效果图后期处理六个步骤来实施。

② 青年公寓效果图制作技巧和方法。

青年公寓效果图制作技巧和方法包括：场景构图、比例要准确；灯光颜色与环境融合，光影效果要好；后期处理真实度要高。

（2）技能要求。

① 能够参照平面布置图和设计意向图，应用 3ds max 软件或者酷家乐绘制公寓空间三维效果图。

② 能够应用 Photoshop 软件完成青年公寓空间效果图处理和优化。

（3）工作实践目标。

参照图 2-24、图 2-25 和图 2-26，并结合手绘方案，应用 3ds max 或者酷家乐软件绘制青年公寓主要空间效果图。

（4）工作实践要求。

① 要求效果图空间透视好，渲染的灯光、材质效果好，色调明确及整体效果好。

② 效果图的后期处理。

青年公寓效果图如图 2-30 ～图 2-32 所示。

图 2-30 卧室效果图　　图 2-31 走道效果图　　图 2-32 客厅效果图

4. 青年公寓设计提案制作

（1）注意事项。

室内空间设计提案的基本构成和制作要点如下。

① 封面。

② 第一部分：总述。

此部分是对整个方案的定义和方向性把握，直接强调方案的重点目标，配合具象的装饰图片阐释方案设计的调性和核心理念。

③ 第二部分：区位分析。

此部分是对设计项目的所在区位进行分析，包括地理位置、人文环境、经济状况、交通及其他配套资源。

④ 第三部分：原始平面图展示及改造方向。

此部分主要结合设计基本步骤中的"环境分析"及"格局分析"，对所设计项目的周边环境作进一步的深入分析，并举出利弊，扬长避短，列出处理方法。

⑤ 第四部分：规划后的平面图展示及功能划分。

根据"功能决定形式"的设计基本原则，首先提出规划后的总体功能布局，并结合环境条件、结构条件、功能性服务条件，确立规划后功能的完整性和实用性。

⑥ 第五部分：分区功能分析及分属功能罗列。

此部分应逐层对各个功能分区所具备的作用及附属功能或功能内容进行详细的罗列，并做具象的列举。

⑦ 第六部分：动线分析及推演（场景模拟）。

此部分主要是对空间使用者，例如经营方、消费方、服务方、体验方、使用者、来访者等各个使用诉求的人群在假设的场景中如何运动以达到各自使用目的的行为进行分析。要结合详尽的功能及使用惯例进行一定的虚拟描述，以形成"身临其境"的体验过程。应以满足详尽的使用情况为前提，充分阐释设计规划的合理性和专业性。

⑧ 第七部分：风格定位。

设计风格是装饰设计的要素，也是室内设计方案的灵魂所在。应运用图文组合的方式，对设计风格定位进行详细说明。此部分应结合案例所在地的人文环境、地理环境、建筑条件，以及案例在经营或者运行过程中的客观需求或预计需求。一定要从实际需要出发。商业项目中，还应该考虑与市场营销共生的关系。

⑨ 第八部分：元素和设计灵感。

此部分主要阐释的是装饰形式上采用的各类元素和设计灵感、素材图片、处理手法及其在空间中所起的作用。

⑩ 第九部分：实例及意向图片展示。

初次提案可能不会有翔实的效果图，所以实例及意向图片展示是影响甲方直观判断的重点部分。应结合上述各个部分，列举非常详尽或贴切的意向图片，清楚阐释将来方案的设计方向和风格调性。这是决定甲方选择的关键一步。

⑪ 第十部分：效果图展示。

此部分为效果图的展示环节，尽可能按照功能或推演讲述时的流程排好效果图，可运用一些优美的版式来更好地组合有限的图片。在此部分中，空间取景位置应交代清楚，让受众清楚效果图的所处视角在方案中的具体方位。

⑫ 第十一部分：材质与配色。

此部分运用面料图块及材质样本的有序组合排版，主要说明空间套色组合和饰面、面料形式的运用规则。

⑬ 第十二部分：家具形式与陈设设计。

此部分对设计方案的家具形式和陈设设计做一定的指导定位，罗列出详细的家具款式照片，以及装饰品的实际照片，并结合需要作简要的文字说明。

⑭ 第十三部分：光环境设计及声学设计。

此部分暂时还停留在自主完成的阶段，只能粗略表示光环境氛围的要求和简单的隔音吸音设计原理。如有专业公司参与，可以直接展示专业结果，并结合设计需求，讲述参数所起到的作用。

⑮ 第十四部分：智能化系统及新科技运用。

此部分主要集中在商业空间的智能化管理和高档住宅的家居智能化范围。另外，声光电的新科技产品、远程控制、新媒体等高精尖技术在室内空间中运用得越来越广泛，可以在此环节做一些产品演示和讲解。

⑯ 封底。

（2）青年公寓设计提案制作技巧和方法。

① 策略性的引导方式。

② 建立客户的信赖感。

③ 控制现场气氛。

（3）技能要求。

① 能够根据方案设计概念和构思拟定青年公寓设计标题，并完成设计说明的编写。

② 能够结合方案设计概念和构思完成青年公寓的设计提案。

（4）工作实践目标。

① 确定青年公寓设计标题，完成青年公寓设计说明。

② 参照所提供的案例完成青年公寓设计提案。

（5）工作实践要求。

① 设计主题鲜明、富有创意，并符合业主需求。

② 设计提案主题鲜明、逻辑清晰、图文并茂、言简意赅。

5. 制定施工图绘制工作计划

（1）注意事项。

① 青年公寓施工图绘制的工作计划编制严格按照室内空间方案设计的工作流程和节点进行，大体分为平面系列图绘制阶段、天花系列图绘制阶段、立面图绘制阶段、剖面图和大样图绘制阶段。

② 图纸规范、绘制精细、标注明确。

（2）技能要求（含职业素养）。

能够根据项目的实际情况完成青年公寓施工图绘制。

（3）工作实践目标。

根据室内空间设计工作流程，并结合项目实际情况完成青年公寓施工图绘制。

（4）工作实践要求。

图纸规范、绘制精细、标注明确。

三、学习任务自我评价

学习任务自我评价见表 2-4。

表 2-4 学习任务自我评价

姓名		班级			
时间		地点			
序号	自评内容	分数	小组自评	小组互评	教师参评
1	在工作过程中表现出的积极性、主动性和发挥的作用	10			
2	信息收集方法的正确性和有效性	5			
3	手绘草图	20			
4	主要空间效果图（不少于3张）	20			
5	设计提案制作（含设计说明）	20			
6	施工图绘制工作计划	15			
总分		100			
认为完成好的地方					
认为完成不满意的地方					
认为整个工作过程需要完善的地方					
自我评价：					
小组评价：					
教师评价：					
技术文件的整理与记录：					

四、课后作业

根据青年公寓原始结构图，完成以下任务：

（1）按照设计师的设计构思完成青年公寓的手绘草图；

（2）根据设计师的设计构思和手绘草图完成青年公寓主要空间效果图3张；

（3）根据设计师的设计构思和手绘草图完成设计提案（含设计说明）；

（4）根据设计师的设计意图和手绘草图方案，明确施工图绘制的任务要求和时间节点，并制定一份施工图绘制计划。

学习任务三 青年公寓空间施工图绘制训练

教学目标

（1）专业能力：

① 助理设计师能够按照国家制图标准和规范，应用 CAD 软件绘制青年公寓全套施工图；

② 能够制作青年公寓工程材料做法表；

③ 能够完成材料分类表的制作；

④ 能够完成施工图的整理和排版等工作。

（2）社会能力：培养团队合作的精神以及人际交流的能力，培养认真、细心、诚实、可靠的品质，树立客户服务观念，增强客户服务意识。

（3）方法能力：信息和资料收集能力、案例分析与理解能力、归纳总结能力、创新能力。

学习目标

（1）知识目标：能够了解优秀青年公寓空间的评判标准、设计原则和设计方法；能够掌握青年公寓空间全套施工图绘制的技巧和方法、材料做法表和分类表的制作方法，以及施工图整理排版的技巧和方法。

（2）技能目标：能够从优秀的青年公寓空间设计案例中总结青年公寓空间设计的规律，并创造性地运用到实际青年公寓空间设计项目中；能按照国家制图标准和规范应用 CAD 软件完成青年公寓空间设计全套施工图绘制；能够制作青年公寓工程材料做法表、材料分类表；能够根据制图规范完成图纸封面、目录，并对整套施工图进行排版。

（3）素质目标：收集信息的能力、语言表达与沟通的能力、团队合作的能力，树立客户服务观念，增强客户服务意识。

教学建议

1. 教师活动

（1）教师展示优秀青年公寓空间设计案例并提问，引导学生完成案例赏析，让学生了解优秀青年公寓空间的评判标准；同时运用多媒体课件、教学视频等多种教学手段讲授青年公寓空间设计原则和规律及技巧和方法，并指导学生进行青年公寓室内空间设计训练。

（2）引导学生认识中华传统文化元素在青年公寓空间设计中的运用规律，并结合学生喜闻乐见的空间场景设计讲授青年公寓空间设计技巧和方法。

（3）教师组织学生分组完成学习任务工作实践，并组织各小组完成学习成果的自评、互评以及教师参评。

2. 学生活动

（1）在教师的引导下完成教师提问回答和优秀青年公寓案例赏析，完成对青年公寓设计规律、原则、方法的学习，能够掌握青年公寓空间全套施工图绘制的技巧和方法、材料做法表和分类表的制作方法及施工图整理排版的技巧和方法。

（2）在教师的组织和引导下完成青年公寓空间设计学习任务工作实践，进行自评、互评、教师点评等。

（3）构建有效促进学生自主学习、自我管理的教学模式和评价模式，突出学以致用，以学生为中心取代以教师为中心。

一、学习问题导入

通过上一个学习任务的学习,掌握在青年公寓项目设计阶段室内设计师所必备的专业技能,为下一步的学习奠定了基础。接下来将进入青年公寓 CAD 施工图和 3D 效果图绘制的学习任务环节,CAD 施工图和 3D 效果图的质量会直接影响到设计方案的实施效果,那么一套高质量的 CAD 施工图具体有哪些标准呢?如何才能高质量地完成 CAD 施工图和 3D 效果图制作呢?通过以下学习任务工作实践,将完美地解答这些问题。

二、学习任务工作实践

1. 青年公寓 CAD 平面布置图绘制

(1)注意事项。

青年公寓 CAD 平面布置图绘制注意事项如下。

① 注意各个功能区域的合理划分和人性化设计,房间的结构形式、平面形状及长宽尺寸。

② 注意门窗的位置、平面尺寸、门窗的开启方向、墙柱的断面形状及尺寸。

③ 注意室内家具、织物、摆设、绿化等具体位置。

④ 各部分的尺寸、图示符号、房间名称及文字说明等。

(2)技能要求(含职业素养)。

① 能够正确地识读青年公寓平面布置图。

② 能够参照手绘原始结构图,利用 CAD 软件绘制符合国家制图规范和标准的青年公寓 CAD 平面布局图。

(3)工作实践目标和要求。

结合本工作环节所学的知识和技能,完成青年公寓 CAD 平面布置图的绘制,具体目标和要求如下。

① 绘制出来的原始结构平面图比例准确、图例清晰、结构准确、层次分明。

② 符合国家制图标准及行业规范。

③ 标注齐全、构造合理。

2. 青年公寓 CAD 地面材质图绘制

(1)注意事项。

青年公寓 CAD 地面材质图绘制注意事项如下。

① 注意标明空间名称及高度。

② 应注意图例说明,注明材料的名称、规格,应特别注意不要漏标楼梯位、门槛石、窗台及淋浴区石材,地面砖中线不能直冲门中线。

③ 注意起铺点的注明要精确,去水口、地漏位要注明。

④ 注意波打线,不规则的地面砖、造型地面等需要标注尺寸。

⑤ 要求标明每个独立空间的面积。

(2)技能要求(含职业素养)。

① 能够正确地识读青年公寓地面材质图。

② 能够参照手绘原始结构图,利用 CAD 软件绘制符合国家制图规范和标准的青年公寓 CAD 地面材质图。

(3)工作实践目标和要求。

结合本工作环节所学的知识和技能，利用 CAD 软件绘制青年公寓 CAD 地面材质图，具体目标和要求如下。

① 绘制出来的地面材质图比例准确、图例清晰、结构准确、层次分明。

② 符合国家制图标准及行业规范。

③ 标注齐全、构造合理。

青年公寓 CAD 地面材质图如图 2-33 和图 2-34 所示。

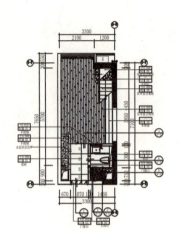
图 2-33 一层地面铺装

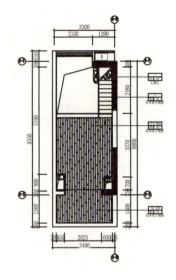
图 2-34 夹层地面铺装

3. 青年公寓 CAD 天花图绘制

（1）注意事项。

青年公寓 CAD 天花图绘制注意事项如下。

① 要用图例标明天花材质，灯饰图例在天花图上要按照灯的真实比例放样。

② 要用标准的天花高度，造型天花图要标尺寸。

③ 空间要求设置排气扇的，需要考虑是窗式机还是天花排气扇。

④ 天花上的空调机出风口、回风口布置要合理。

⑤ 窗位若布置窗帘，要用图例标注出来，梁的位置要标注出来。

（2）技能要求（含职业素养）。

① 能够正确地识读青年公寓天花布局图。

② 能够参照设计手稿，利用 CAD 软件绘制符合国家制图规范和标准的青年公寓 CAD 天花布局图。

（3）工作实践目标和要求。

结合本工作环节所学的知识和技能，利用 CAD 软件绘制青年公寓 CAD 天花布局图，具体目标和要求如下。

① 绘制出来的天花布局图比例准确、图例清晰、结构准确、层次分明。

② 符合国家制图标准及行业规范。

③ 标注齐全、构造合理。

青年公寓 CAD 天花布局如图 2-35 ~ 图 2-37 所示。

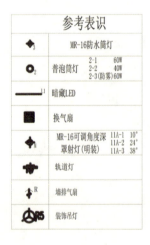

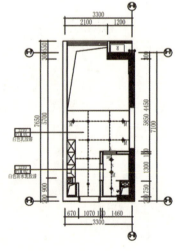
图 2-35 一层天花布局图

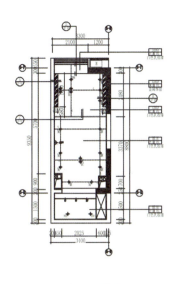

图 2-36 夹层天花布局图

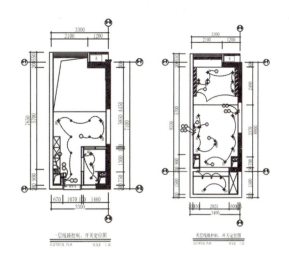

图 2-37 一层、夹层线路控制、开关定位图

4. 青年公寓 CAD 立面图绘制

（1）注意事项。

青年公寓 CAD 立面图绘制注意事项如下。

① 注意尺寸及标高是否完备。

② 注意雨棚是否表示。

③ 注意是否表示了立面材质。

④ 注意出层面的楼梯间及电梯间是否表示。

⑤ 外轮廓及地坪线是否加粗。

（2）技能要求（含职业素养）。

① 能够正确识读青年公寓立面图。

② 能够参照手绘原始结构图，利用 CAD 软件绘制符合国家制图规范和标准的青年公寓 CAD 立面图。

（3）工作实践目标和要求。

结合本工作环节所学的知识和技能，利用 CAD 软件完成青年公寓 CAD 立面图的绘制，具体目标和要求如下。

① 绘制出来的立面图比例准确、图例清晰、结构准确、层次分明。

② 符合国家制图标准及行业规范。

③ 标注齐全、构造合理。

青年公寓 CAD 立面图如图 2-38 ~ 图 2-40 所示。

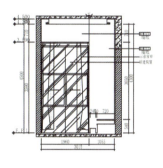

图 2-38 客厅立面图一

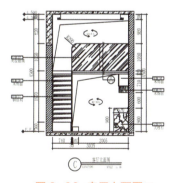

图 2-39 客厅立面图二

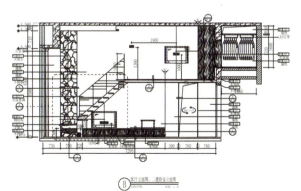

图 2-40 客厅立面图、二楼卧室立面图

5. 青年公寓 CAD 大样图和详图绘制

（1）注意事项。

青年公寓 CAD 大样图和详图绘制注意事项如下。

① 是否规范表示了详图索引、详图编号，要在相应的平面图、立面图或剖面图中表示主索引符号，索引符号大小应符合制图规范的要求。

② 注意剖面的填充图例。

③ 注意标注定位轴线。

④ 注意标高尺寸是否完备。

⑤ 注意与平面图、立面图、剖面图是否一一对应。

（2）技能要求（含职业素养）。

① 能够正确识读青年公寓大样图和详图。

② 能够参照设计手稿，利用 CAD 软件绘制符合国家制图规范和标准的青年公寓 CAD 大样图和详图。

（3）工作实践目标和要求。

结合本工作环节所学的知识和技能，利用 CAD 软件完成青年公寓 CAD 大样图和详图的绘制，具体目标和要求如下。

① 绘制出来的大样图和详图比例准确、图例清晰、结构准确、层次分明。

② 符合国家制图标准及行业规范。

③ 标注齐全、构造合理。

青年公寓 CAD 大样图如图 2-41 和图 2-42 所示。

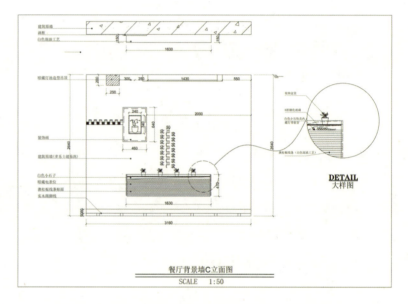

图 2-41 餐厅背景墙立面、大样图 何伟林 林夔挺 作

6. 青年公寓 CAD 剖面图绘制

（1）注意事项。

青年公寓剖面图绘制注意事项如下。

① 剖面图中剖到的墙线加粗，剖到的楼前板（一般为 10mm）、楼梯、梁涂黑。

② 地坪线与剖到的墙体的关系是否正确。

③ 是否与平面图对应。

④ 是否表示天沟。

⑤ 剖到的部分是否标明名称。

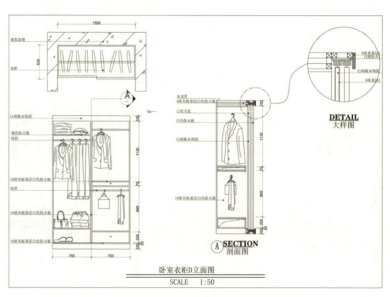

图 2-42 衣柜立面、大样图 刘锦壕 刘炳豪 作

（2）技能要求（含职业素养）。

① 能够正确识读青年公寓剖面图。

② 能够参照手绘草图，利用CAD软件绘制符合国家制图规范和标准的青年公寓CAD剖面图。

（3）工作实践目标和要求。

结合本工作环节所学的知识和技能，利用CAD软件完成青年公寓CAD绘剖面图的绘制，具体目标和要求如下。

① 绘制出来的剖面图比例准确、图例清晰，结构准确，层次分明。

② 符合国家制图标准及行业规范。

③ 标注齐全、构造合理。

青年公寓天花剖面图如图2-43所示。

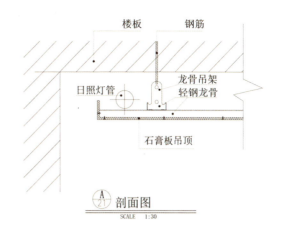

图2-43 天花剖面图 黄嘉铭 何一锋 作

7. 青年公寓材料清单表绘制

（1）注意事项。

青年公寓材料清单表绘制注意事项如下。

① 标明项目名称的序号和对应的编号。

② 标明材料名称及使用空间、使用位置。

③ 要有材料的照片、品牌、规格、型号及样品来源。

④ 供货日期要具体，供应商及联系方式要准确。

⑤ 最后要备注标准尺寸。

（2）技能要求。

① 能够正确识读青年公寓材料清单表。

② 能够参照手绘原始结构图，利用CAD软件绘制符合国家制图规范和标准的青年公寓材料清单表。

③ 工作实践目标和要求。

（3）工作实践目标和要求。

结合本工作环节所学的知识和技能，完成青年公寓材料清单表的制作，具体目标和要求如下。

① 绘制出来的材料清单表图例清晰、内容详细、数据准确。

② 符合国家制图标准及行业规范。

材料清单见表2-5。

表 2-5 材料清单表

昆明绿地东海岸装修饰面材料清单（部分）

序号	材料	对应编号	使用空间	使用位置	材料照片	样品来源	品牌	规格/mm	型号	供货期	询价	供应商	联系方式	备注
1	瓷砖	CT-01	1F	卫生间/玄关地面		设计封样	设计封样	尺寸120x60	雅典阿曼			罗浮宫陶瓷		尺寸120mmx60mm
						设计封样								
2	瓷砖	CT-02	1F	卫生间墙面		设计封样	罗浮宫	60AP (600x600)-1	鱼肚白600			罗浮宫陶瓷		
						施工封样								
3	瓷砖	CT-03	1F	一楼厨房墙面		施工封样	罗浮宫	尺寸6.5x26.5	异形砖			罗浮宫陶瓷		
						施工封样								
4	金属	MT-01	1F 2F	一层墙面/门套/一层二层踢脚		设计封样			详见图纸	和纹玫瑰金				厂家提供实样供设计方确认
						施工封样								
5	木饰面	MD-02	1F	楼梯体一内柜木饰部面		设计封样	科勒	详见图纸	K6178BN					厂家提供实样供设计方确认
						设计封样								
6	烤漆	MD-03	1F	下橱柜门板		设计封样	科勒	详见图纸	N56 亚光					
						设计封样								
7	木地板	MD-05	1F	一层楼梯踏面		设计封样	圣花神	详见图纸	89001			圣花神		H3.5cm、厚皮3mm、木色
						设计封样								

三、学习任务自我评价

学习任务自我评价见表 2-6。

表 2-6 学习任务自我评价

姓名		班级				
时间		地点				
序号	自评内容	分数	小组自评	小组互评	教师参评	
1	在工作过程中表现出的积极性、主动性和发挥的作用	10				
2	信息收集方法的正确性	10				
3	全套施工图和效果图完成的质量	50				
4	制作工程材料做法表	20				
5	材料分类表	10				
总分		100				
认为完成好的地方						
认为完成不满意的地方						
认为整个工作过程需要完善的地方						
自我评价：						
小组评价：						
教师评价：						
技术文件的整理与记录：						

四、课后作业

完成如下青年公寓设计任务实践。

（1）分组完成施工图绘制。

（2）制作工程材料做法表、材料分类表，做好上台讲解的准备（分工合作）。

（3）展示施工图及工程材料做法表、材料分类表（每组派一个代表上台讲解）。

（4）小组自评、小组互评与教师参评。

（5）任务完成情况分析与总结。

青年公寓空间设计图纸整理编排与总结展示训练

教学目标

（1）专业能力：能够按照室内装饰设计图整理和编排的规范及要求对青年公寓空间设计图纸进行整理、编排。

（2）社会能力：培养团队合作的精神以及人际交流的能力，培养认真、细心、诚实、可靠的品质，树立客户服务观念，增强客户服务意识。

（3）方法能力：信息和资料收集能力、案例分析与理解能力、归纳总结能力、创新能力。

学习目标

（1）知识目标：掌握设计图纸整理和归档的规范和要求。

（2）技能目标：能够完成青年公寓空间设计全套图纸的整理和编排，并能完成设计方案的总结与展示。

（3）素质目标：收集信息的能力、语言表达与沟通的能力、团队合作的能力，树立客户服务观念，增强客户服务意识。

教学建议

1. 教师活动

（1）教师通过运用多媒体课件、教学视频等多种教学手段，将一套完整的设计图纸案例展示给学生，并指导学生整理出一整套设计方案的图纸训练。

（2）引导学生通过网络等信息化平台收集信息和资料，并指导学生完成全套图纸的整理和展示。

（3）教师组织学生分组完成学习任务工作实践，并组织各小组完成学习成果的自评、互评以及教师点评。

2. 学生活动

（1）在教师的引导下完成优秀青年公寓案例赏析，并按要求完成一整套设计图纸整理编排和总结展示的工作。

（2）在教师的组织和引导下完成青年公寓空间设计学习任务工作实践，进行自评、互评、教师参评等。

（3）构建有效促进学生自主学习、自我管理的教学模式和评价模式，突出学以致用，以学生为中心取代以教师为中心。

一、学习问题导入

本次学习任务将进入青年公寓空间设计的最后一个工作环节，即图纸的整理编排与总结展示。图纸的整理和编排是总结和归纳设计成果的关键，也是展示设计亮点、设计理念和创新思维的重要环节，对于设计项目能否获得甲方的认可起着至关重要的作用。

二、学习任务工作实践

1. 整套施工图定稿

（1）图纸要求。

设计文件包括以下内容。

① 图纸封面和目录表，封面内容包括项目名称、班级、项目小组成员。

② 设计施工说明，包括工程概况、设计构思和设计理念、设计风格、材料与施工工艺说明、各类分析图等。字数不少于 300 字，字体均为仿宋字体。

③ 主要空间的电脑表现效果图。

④ 施工图，包括封面、目录、原始户型图、平面布置图、地面材质图、天花图、灯具尺寸平面图、强电插座平面图、灯具开关连线图、立面图、剖面图、大样图、水电图等。

⑤ 施工所用装饰材料汇总预算清单。

（2）设计文件要求。

① 规格为 A3 图幅。横式使用，左侧装订，图面布置合理、构图美观、准确详细。

② 精心设计封面、封底，可选用加厚彩页纸。

③ 图纸顺序按照封面、目录、效果图、设计施工说明、施工图的顺序进行排列。

④ 能够制作与编排图纸索引。

⑤ 能够编写室内装修和电气施工设计说明。

⑥ 能够编制材料表格。

⑦ 能够制作材料预算表。

2. 项目设计总结 PPT

（1）主要内容。

项目设计总结 PPT 主要包括项目名称、目录、环境分析、消费者行为分析、项目客群分析、项目设计愿景、设计建议、设计理念解析、主要空间效果图、主要施工图、材料清单、项目概算等。

（2）技能要求。

用 PPT 的形式将项目设计总结图文并茂地展示出来。

（3）工作实践目标和要求。

制作一个完整的项目设计总结 PPT，要求图文并茂，言简意赅，思路清晰，让客户满意。

三、学习任务自我评价

学习任务自我评价见表 2-7。

表 2-7 学习任务自我评价

姓名		班级			
时间		地点			
序号	自评内容	分数	小组自评	小组互评	教师参评
1	在工作过程中表现出的积极性、主动性和发挥的作用	10			
2	信息收集方法的正确性	10			
3	全套施工图和效果图展示的完整性	50			
4	存在的问题和困难	20			
5	经验的分享和收获	10			
总分		100			
认为完成好的地方					
认为完成不满意的地方					
认为整个工作过程需要完善的地方					
自我评价:					
小组评价:					
教师评价:					
技术文件的整理与记录:					

四、课后作业

1. 作业要求

（1）对审核通过的全套施工图和效果图进行展示。

（2）总结制作过程中遇到的各种难点和问题，并分享项目制作中的经验和收获。

（3）将学习成果制作为总结汇报 PPT。

2. 单身公寓设计任务的实施

（1）分组进行总结汇报 PPT 展示。

（2）小组自评、小组互评与教师参评。

（3）任务完成情况分析与总结。

扫描二维码可观看
项目设计总结 PPT

一、项目任务情境描述

张先生是一位民营企业家，主营某市的进出口外贸生意。张先生的爱人喜欢看书，要求有独立的阅读空间，并且喜欢自然，希望能够在室内营造出自然的环境。张先生诚邀某装饰工程有限公司为其进行设计，公司经理将该项目交给主笔设计师和助理设计师，要求半个月内完成设计方案。

二、项目任务实施分析

1. 大户型洋房空间使用调查和信息收集

（1）主笔设计师带领助理设计师（学生）到达施工现场，与客户进行沟通，并对现场进行测量和拍照，用手绘的形式绘制原始结构图，并记录相关尺寸数据和管线、梁柱等部位，了解和收集项目基本信息。

（2）助理设计师（学生）做好客户访谈调查记录表，记录客户对空间的需求（空间功能的分布、装修风格的确定、对空间的特殊要求、材料的选用、工程预算、预计工期等），分析客户的需求，收集相关资料（装修风格图片及与风格相对应的材料）。

（3）助理设计师（学生）利用CAD软件绘制原始结构图，完成后交给设计师做平面布置方案。

【工作成果】：手绘原始结构图、CAD原始结构图。

【学习成果】：客户访谈调查记录表、方案设计工作计划。

2. 大户型洋房空间方案设计与提案制作

（1）助理设计师（学生）要积极与主笔设计师沟通，并按照主笔设计师的设计概念完成手绘草图（反映功能、空间、风格、技术四个方面的手绘草图）。

（2）助理设计师（学生）根据主笔设计师的平面布置手绘草图完成彩色平面布置图。

（3）助理设计师（学生）根据主笔设计师的设计意图和手绘草图完成大户型洋房主要空间效果图（至少4张）。

（4）助理设计师（学生）根据主笔设计师的设计意图和手绘草图完成设计提案（含设计说明）。

（5）助理设计师（学生）根据主笔设计师的设计意图和手绘草图方案，明确施工图绘图任务要求和时间节点，并制定一份施工图绘制工作计划。

【工作成果】：彩色平面布置图、手绘草图、主要空间效果图、设计提案（PPT）。

【学习成果】：施工图绘制工作计划。

3. 大户型洋房空间施工图绘制

（1）根据主笔设计师提供的新中式手绘草图方案，绘制出符合国家标准和规范的建筑平面布置图、地面材质图、天花图、灯具尺寸平面图、强电插座平面图、灯具开关连线图。

（2）根据主笔设计师提出的深化设计方案，绘制出符合国家标准和规范的各空间主要立面图。

（3）与主笔设计师沟通，明确新中式风格的主要造型特点以及应用的材料与工艺，根据主笔设计师提供的造型节点手绘草图绘制出节点剖面图、大样图。

（4）根据建筑平面图绘制出符合国家标准和规范的电气及冷热水管走向图。

（5）制作工程材料做法表、材料分类表。

【工作成果】：原始户型图、平面布置图、地面材质图、天花图、灯具尺寸平面图、强电插座平面图、灯具开关连线图、立面图、剖面图、大样图、水电图、3ds max 效果图、材料做法表、材料分类表。

4. 大户型洋房空间设计图纸整理编排与总结展示

（1）根据图纸标准和规范完成图纸的整理与编排，提交全套施工图给主笔设计师进行审核，并根据主笔设计师的反馈意见对施工图进行修改和完善。

（2）对审核通过的全套施工图和效果图进行展示。

（3）总结制作过程中遇到的各种难点与问题，并分享项目设计工作中的经验和收获。

【工作成果】：全套施工图定稿。

【学习成果】：总结汇报 PPT。

三、项目任务学习总目标

完成本项目任务后，学生应当能够配合主笔设计师完成大户型空间的方案设计工作，严格执行室内装饰企业安全管理制度，树立为客户服务的观念，增强服务客户的意识。养成工作过程中语言的沟通与表达、信息的解读与重构、团队合作能力及遵纪守法、爱岗敬业、团结合作、认真细致、一丝不苟的职业素养，本项目任务的学习目标如下。

（1）能够与客户、主笔设计师进行专业的交流与沟通，明确工作任务、时间和要求，了解客户需求，能够向客户展示自己的专业能力。

（2）能够按照工作流程和标准完成公寓空间现场勘测、原始结构图绘制和拍照。

（3）能正确识读大户型空间原始结构图，并能进行户型分析，辨别墙体中的承重墙和非承重墙，进行空间平面布置规划，能够懂得造型设计的基本原理及形式美法则在实际中的应用，并能够手绘大户型空间的平面图、效果图等，能够制作主笔项目提案。

（4）能进一步收集、分析、运用与设计任务有关的资料与信息，进行方案的分析与比较，完成方案设计，结合客户的具体需求正确绘制出手绘草图。

（5）能根据项目的设计要求来确定设计风格，将设计风格与合理的布局性和运用性融为一体，制定符合客户要求的设计方案。

（6）能按照国家统一的室内制图规范和标准，绘制大户型空间平面布置图、地面材质图、天花图、灯具尺寸平面图、强电插座平面图、灯具开关连线图、立面图、剖面图、大样图、电气图、冷热水管图及排水走向图等。

（7）根据客户需求或设计需要修改图纸，并能按照公司管理制度将完成后的图纸交付设计总监审核。

（8）能够与施工队进行工程现场交底，组织施工，并能向施工人员讲解施工方法、材料规格的使用，与客户确认预算增减单，绘制有变动的施工图，协调办理相关手续。

（9）能够将最终图纸资料整理、归类与存档，并提供给项目主管备档。

（10）能按照公司管理规定节约使用各类耗材。

（11）能够制作项目设计总结 PPT 并进行汇报。

大户型洋房空间使用调查和信息收集训练

教学目标

（1）专业能力：使学生了解和掌握大户型洋房的基本特征，通过量房徒手绘制原始结构图，并使用软件绘制CAD原始结构图，能够通过与客户交流，高效地完成公寓空间的客户调查和方案设计工作计划的制定。

（2）社会能力：培养学生人际交流能力、问题解决能力、协调分析能力、逻辑思维能力、空间想象能力、创新能力、学习能力。

（3）方法能力：培养学生信息和资料收集能力、案例分析能力、归纳总结能力、语言表达与沟通能力。

学习目标

（1）知识目标：了解和掌握大户型洋房空间的特征、设计程序、设计原则、设计风格及主题确定的方法；了解梁、柱、承重墙、非承重墙等建筑结构相关知识，掌握施工现场测量的程序、技巧和方法；了解大户型洋房划分、功能布局、空间风格的表达和空间形式的技术表现；掌握大户型洋房空间平面布置彩图的制作方法。

（2）技能目标：能够按照工作标准和要求手绘大户型洋房空间的原始结构图，能够参照手绘原始结构图，使用CAD绘图软件完成原始结构图的绘制；能够使用Photoshop软件完成平面布置彩图的绘制；能够完成客户调查表编制和客户调查；能够完成方案设计的工作计划。

（3）素质目标：收集信息的能力、语言表达与沟通的能力，树立客户服务观念，增强客户服务意识。

教学建议

1. 教师活动

（1）课前准备好相关的角色扮演教具，增加角色的代入感，通过角色扮演法组织师生模拟设计师与客户沟通时的工作情境。

（2）组织学生进行分组学习，并完成工作实践以及学习成果的学生自评、小组互评和教师参评。

2. 学生活动

（1）学生扮演设计师与教师（客户）进行沟通，并记录大户型洋房设计的相关信息。

（2）学生分组进行学习并完成记录，对整理好的记录进行汇报，评选出最符合教师（客户）需求的记录。

一、学习任务导入

某装饰设计工程有限公司与学校室内设计专业建立了空间设计工作室，现接到了学校老师的一个大户型洋房设计项目，需要工作室的师生共同配合完成。该项目的基本情况如下：客户张先生是一位民营企业家，在某市做进出口外贸生意，去年春节购买了一套198m²的商品房。该户型坐北向南，拥有四室、两厅、一厨、三卫、双阳台。户主计划一家三口与父母同住，女主人是教师，女儿是刚上一年级的小学生，父母是退休中医，全家都非常喜爱中国传统文化，比较偏爱中式传统建筑中的沉稳、温馨、大气。女主人喜欢看书，要求有独立的阅读空间，并且喜欢自然，希望能够在室内营造出自然环境的氛围。张先生委托空间设计工作室在半个月内帮其完成方案设计。

结合以上基本信息，现请一位同学担任设计师与教师（客户）进行现场会话交流，其他同学进行记录，各组汇报整理好的需求内容。

二、学习任务工作实践

（一）大户型洋房建筑手绘原始结构图工作实践（工作成果）

1. 注意事项

（1）大户型洋房现场测量技巧。

① 测量工具的准备：量房的工具包括钢卷尺/皮尺（最好5m以上）、测距仪（方便进行大空间测量）、纸、笔（最好两种颜色，用于标注特别之处）、数码相机。

② 测量的方式。

定量测量：主要测量室内的长、宽，计算出每个功能区的面积。

定位测量：主要标明门、窗、暖气罩。（注意窗户要标明数量）

高度测量：主要测量各房间的高度。

③ 测量的内容。

正确的测量方法对初学者起到事半功倍的效果，很多设计师在第一次量房时因为测量方法和内容不够准确，导致错量、漏量，来回修改将会浪费大量的精力和时间，因此采用正确的方法和收集准确的内容是很重要的环节。

第一类：测量大空间。例如测量房间的长度、宽度，注意把握测量技巧，长度要紧贴地面测量，高度要紧贴墙体拐角处测量，这样才能确保测量出的数据比较准确，如图3-1所示。

第二类：测量梁柱的宽度、高度。

第三类：测量有门窗的墙体。先测量门、窗本身的长、宽、高，再测量这个门、窗与所属墙体的左、右间隔尺寸，最后测量门、窗与天花板的间隔尺寸，如图3-2所示。

第四类：测量室内相关设备位置。按照门窗的测量方式记录开关、插座、管道的尺寸（厨房、卫生间要特别注意），例如了解进户水管的位置及其类型；下水管的位置、地漏的位置和坐便器的坑位；卫生间、厨房的管道走向，管道在顶面最低处的高度将直接影响吊顶的高度，如图3-3所示。

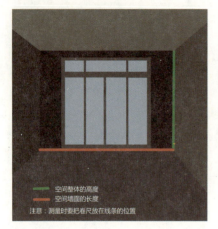
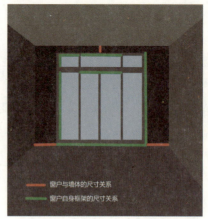

图 3-1 测量大空间　　　　　图 3-2 测量有门窗的墙体　　　　　图 3-3 测量室内相关设备位置

（2）大户型洋房建筑结构位置、家居安全有关知识。

① 了解总电表的容量，计算一下使用量是否足够，如果需要大功率的电表则应提前到供电部门申请改动。

② 了解煤气、天然气表的大小，同样，若有变动需要提前到供气部门申请变动。

③ 根据房型图（由开发商或物业公司提供的准确的建筑房型图），确定承重墙的具体位置。

2. 技能要求（含职业素养）

（1）现场测量步骤。

不同设计师有不同的测量步骤，但只要能准确地测量出客户房屋的尺寸，就实现了量房的目的。量房步骤简单归纳如下。

第一步：巡视所有的房间，了解基本的房型结构，对于特别之处要予以关注。

第二步：在纸上画出大概的户型图（不讲求尺寸准确度或比例，这个户型图只是用于记录具体的尺寸，但要体现出房间与房间之间的前后、左右连接方式）。

第三步：从进户门开始，按顺时针或者逆时针的顺序依次测量房间尺寸，并把测量的每一个数据记录到户型图的相应位置上。

（2）根据现场的行走路线拍摄正确的现场照片。

在测量过程中最好是三人一组：一个负责测量，一个负责记录和绘制现场手绘图，还有一个负责对现场的测量进行提醒和检查，并协助拍摄现场照片。拍摄照片要根据现场实际情况，对细节过多、户型图难以呈现的地方进行重点拍摄，回到办公室后要注意整理，方便后期和客户沟通以及团队讨论时更直观地描述客观场景。

（3）原始结构户型图正确手绘表达的步骤。

第一步：先绘制好大概的户型图，注意房间的连接关系，如图 3-4 所示。

第二步：按照房间顺序进行绘画，并标注各部位尺寸，如图 3-5 所示。

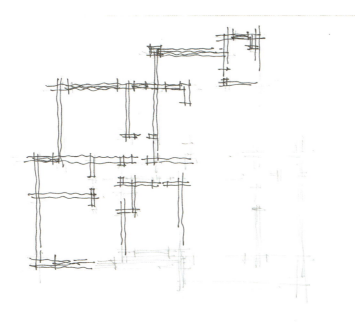

图 3-4 原始户型框架图 张宪梁 作

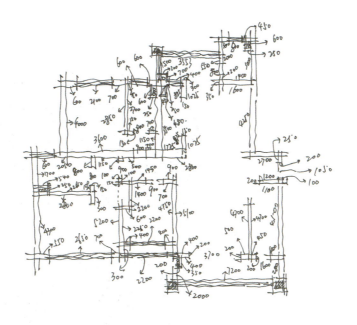

图 3-5 原始户型尺寸图 张宪梁 作

3. 工作实践目标和要求

结合本学习环节所学习的知识和技能，参照图 3-4 和图 3-5 完成青年公寓手绘原始结构图的临摹，具体目标和要求如下。

（1）大户型洋房原始结构图梁柱标注完整清晰。

（2）准确测量空间尺寸关系，并在手绘原始结构图中标注清晰。

（3）准确测量好室内设备位置，并在手绘原始结构图中标注清晰。

（4）现场图片拍摄清晰，整理出关键节点供设计制作使用。

（二）大户型洋房原始结构图 CAD 绘制实践（工作成果）

1. 注意事项

通过绘制 CAD 原始结构图，宏观分析户型结构特点。

（1）梳理出具体的图纸框架。

由于现场量度的数据繁多，快速量度记录的过程中，如果没有整体的洋房户型结构的绘制思路，很容易陷入局部思维，图纸的绘画也容易出错，因此应该整体梳理出户型整体框架。

（2）从内到外进行绘制，分步骤绘制内部空间墙体，通过结合墙体厚度，推算出整个空间的框架。

（3）细节部分逐步完善，能通过不同的颜色区分不同结构区，例如门、窗、墙体等区分独立的图层和颜色进行制作。

2. 技能要求（含职业素养）

CAD 原始结构图绘制过程如下。

（1）一般情况下，如果图纸中没有标注方向，那么很难辨别房子的朝向。为了在设计时考虑采光的问题，最好在图中加一个指示图标，如图 3-6 所示。

（2）按照手绘结构图，先把内框部分画出来，注意先从宏观角度按比例绘画，舍弃细节部分，再逐步完善，基本把内墙测量的数据都用 CAD 绘制出来，如图 3-7 所示。

（3）标注房子的改造部分。一般情况下，应房主的要求，会在房子的结构中加一些墙，也就是原始户型结构中没有的部分，需要在图纸中标注出来，如图 3-8 和图 3-9 所示。

（4）设计门窗部分时，要考虑到门的开启方向，做成什么样的门合适，比如是平开门还是推拉门等，在绘图的时候也可以单独新建一个图层，专门绘制门窗，并设置一个颜色，如图 3-10 和图 3-11 所示。

（5）逐步把墙体绘制完整，承重墙和下水管道要在结构图中标注出来，整体绘制完整，如图 3-12 所示。

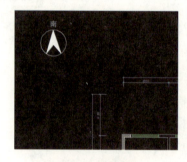
图 3-6 指示图标

图 3-7 户型框架图

图 3-8 改造标识一

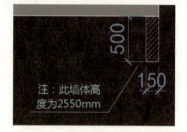
图 3-9 改造标识二

3. 工作实践目标和要求

结合本学习环节所学习的知识和技能，参照图 3-12 完成大户型洋房手绘原始结构图的临摹，具体目标和要求如下。

（1）大户型洋房原始结构图墙体标注完整清晰。

（2）在平面布置图中承重墙能通过色块和标注准确区分。

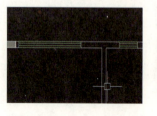
图 3-10 门窗标识一

图 3-11 门窗标识二

(3)在左下角备注好要说明的地方。

（三）大户型洋房客户访谈调研和信息表制作（学习成果）

1. 注意事项

（1）与客户沟通的技巧。

① 争取获得客户的信任。为了使居室空间设计得更适合业主的个性，本着诚恳负责的态度，取得客户的信任。

② 了解客户的资金概算。只有充分了解客户的资金情况，才能在有限的预算下发挥最大的效益。资金费用是室内设计时需要重点考虑的要素之一，它直接影响室内建材品质和层次定位。因此，应在了解客户资金概算的前提下做合理的设计与规划。

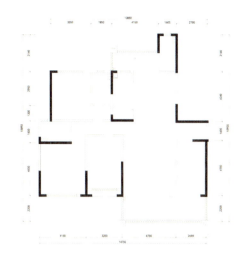

图 3-12 完整户型图

③ 客户的背景以及需求。访谈应清晰了解客户家庭成员的年龄、层次、职业等，尤其要说明有无学龄前儿童或老人。因为家庭成员会成长，而房子的空间却是有一定限制的，好的设计师会预留空间使用上的弹性，尽量满足家庭所有成员现在与未来成长中的居家需求。同时，好的设计师不仅在风格上要求统一，对于收纳空间的运用也不会忽视，通过了解客户生活规律，透过设计帮助其做好收纳储备。因此，客户是否有特殊收纳习惯，譬如是否需要保险箱，都要在访谈时了解清楚，以便准确施工。

（2）现场记录的技巧。

现场记录前要做好访谈的准备。首先要了解项目的基本情况，掌握必要的资料，例如楼盘的特质、当地的文化背景、楼盘针对的客户群体等，对整个大背景要有所了解。其次，要了解访谈的客户，善于分析掌握其心理、喜好和需求。最后，设计好访谈提纲或表格。访谈提纲见表 3-1。

表 3-1 访谈提纲

1	主题风格定位，客户具体有哪些生活需求
2	工程预算是多少
3	厨卫产品合作商有哪些
4	家具和电器合作商有哪些，具体型号是多少

2. 技能要求（含职业素养）

（1）能够与设计师沟通，并参与制作客户访谈调查表。

（2）能够根据开发商提出的要求记录相关项目的特质。通过和开发商的交流，得出甲方对该空间的定义为引领新时代、新时尚的生活，从功能和展示效果都具有突破性的亮点，同时又能够满足现代人使用的需求。

（3）能够与设计师沟通，从目标客户群的生活品位出发设定设计主题，并制作出洋房空间的客户调研信息表。

该设计公司设计总监组织了专门的项目会议，经过设计组内头脑风暴，各抒己见，得出将该洋房定位成引领东方生活新时尚的新中式风格，主要采用稳重的色调，将自然生态氛围贯穿于整个空间，整体视觉感受自然温和，造型简约大方，具备展示功能。具体调研信息表内容如下。

客户调研信息表

客户基本情况： 登记日期： 年 月 日

客户姓名：张先生 小区： 面积：198m² 户型：

□期房 √现房 来源：□店面来访 □电话来访 □业务 √其他

客户经理： 登记人：设计师助理小明

一、个性需求

1. 职业：√经商 □公务员 □高层管理 □医生 □教师 □艺术家 □其他

2. 从事的行业：□IT □电讯 √贸易 □服装 □鞋业 □房地产 □旅游 □媒体 □金融 □其他

3. 居室成员：√父母 √夫（妻）√女儿 □儿子 □孙子 □孙女 □保姆 □其他

4. 年龄：40岁 学历：□高中及以下 √大专及以上 □硕士及以上

5. 孩子年龄：□还没有孩子 □1~3岁 □4~6岁 √7~9岁 □10~13岁 □14~18岁 □18岁以上

6. 最重要的日子：□您的生日 □孩子的生日 √结婚纪念日 □其他日期：

7. 喜欢的风格：□中国古典风格 □欧式古典风格 □简欧风格 □美式田园风格 √新中式风格 □现代风格 □混合型风格 □东南亚风格 □其他

8. 喜欢的陈设品：

摆设类：√雕塑 □玩具 □酒杯 √花瓶 □其他

壁饰类：√工艺美术品 □各类书画作品 □图片摄影作品 □其他

9. 喜欢的材质：□陶器 □玉器 √木制品 □玻璃制品 √瓷器 □不锈钢 □其他

10. 喜欢的画作：□壁画 □油画 √水彩画 □国画 □招贴画 □其他

11. 喜欢的家居整体色调：□偏冷 √偏暖 □根据房间功能

12. 喜欢的饮品：√茶 √咖啡 □饮料 □水 □其他

13. 用餐习惯：√经常在家用餐 □经常在外用餐 □经常在家请客

14. 洗浴方式：√淋浴 □浴缸 □两样兼有 □其他

15. 作息时间：□正常 √早睡早起 □晚睡晚起

16. 爱好：□收藏 √音乐 √电视 □宠物 □运动 √读书 □旅游 □上网 □其他

17. 交际：√喜欢享受家庭生活 □交际广泛 □家中偶尔有交际活动

18. 住宅使用目的：√常年居住 □度假居住 □投资

19. 是否需要摆放书籍、收藏品及展示品：是√ 否□

具体列举：

20. 公卫小便器：□需要 √不需要

21. 家庭共用空间间数：阳台：2个 书房：1个 餐厅：1个 客厅（起居室）：4个 储藏间：0个 娱乐间：0个 视听室：0个 车库：2个（负一层）

22. 庭院：□有 共 m² √无

二、电器要求

家电名称	有/无	家电规格	家电品牌及颜色	所处房间名称	特殊要求
电冰箱	有				
电视	有				
洗衣机	有				
网络	有				
电话	有				
热水器	有				
取暖设备	无				
中央空调	有				
普通空调	有				
新风系统	无				
音响系统	有				
除尘系统	无				
安防系统	有				
智能家居	有				
太阳能	无				
净化水设备	有				

三、家具要求

所处房间名称	门厅	客厅	餐厅	书房	衣帽间	卧室1	卧室2	卧室3	卫生间1	卫生间2	卫生间3	车库
家具名称												
家具规格												
制作或采购												

鞋柜中存放：□普通鞋 □超长鞋 □长筒靴 □钥匙 □雨具 □其他（说明）：

四、材质要求

1. 饰面板：

2. 地面（分功能间描述）：

3. 墙面（分功能间描述）：

4. 其他：

五、其他要求

主要采用稳重的色调，将自然生态氛围贯穿于整个空间，整体视觉感受自然温和，造型简约大方，具备良好的居住生活体验。

设计方签字：　　　　　　　　　委托方签字：

日期：　年　月　日　　　　　　日期：　年　月　日

3. 工作实践目标和要求

（1）根据客户提出的要求记录相关的信息。

（2）与设计师沟通，根据大户型洋房定位主题，制作客户调研信息表。

（四）大户型洋房方案设计工作计划的编制

1. 注意事项

方案设计工作计划的编写内容如下。

（1）要完成的任务目标：平面方案设计、设计提案PPT、平面定稿、施工图设计与制作、审核定稿、项目设计汇总PPT。

（2）具体完成的措施：实现上述目标的方法、步骤、措施、需要的人员等都要充分地考虑，制定具体的计划表。

（3）实现目标的时间：主要把握好整体的时间分配，前期平面方案设计和平面定稿是项目推进的重要基础，虽然工作量不大，但要准备充分，中期的施工图制作工作量大，因此时间也要安排得长一些。

（4）计划实施人：要落实到个人身上，确保每个环节都有具体的实施人。

（5）计划负责人：辅助把控整个项目的时间点，通过工作计划表的编制，有力推进整个项目的进度。

2. 技能要求（含职业素养）

根据项目的实际情况完成大户型洋房方案设计工作计划的编制，见表3-2。

表3-2 方案设计进度计划

张先生住宅设计		
工作内容	时间分配	主要任务
1. 平面方案设计	3天	结合甲方意图和主笔设计师的设计构思进行平面方案布局
2. 设计提案PPT	2天	根据设计理念，对现有的素材进行提案PPT制作
3. 平面定稿	3天	与客户沟通，对现有平面布置方案提出修改建议，确定最终平面方案
4. 施工图设计与制作	10天	全套施工图初稿（封面、目录、原始户型图、平面布置图、地面材质图、天花图、灯具尺寸平面图、强电插座平面图、灯具开关连线图、立面图、剖面图、大样图、水电图）的绘制
5. 审核定稿	5天	对现有图纸当中的错误、笔误和图面进行调整、校对、审核
6. 项目设计汇总PPT	3天	对整体项目方案进行汇总，并制作成PPT进行汇报

3. 工作实践目标和要求

参考表 3-2 并结合室内空间设计工作流程，完成大户型洋房方案设计进度计划表 3-3 的编制，具体要求如下。

（1）明确大户型洋房方案设计的基本流程、步骤和方法。

（2）分工具体，任务明确。

（3）内容详细，时间安排合理，具有可实施性。

表 3-3 大户型洋房方案设计进度计划

时间	第 周							第 周							第 周							第 周							备注
	一	二	三	四	五	六	日	一	二	三	四	五	六	日	一	二	三	四	五	六	日	一	二	三	四	五	六	日	
工作内容																													
1. 手绘原始结构平面图																													
2. CAD 原始结构平面图绘制																													
3. CAD 平面布置图（平面设计方案）																													
4. 3ds max 效果图绘制、设计提案制作																													
5. 施工图绘制																													
6. 校对、审核																													
7. 出图、签字、盖章																													签字盖章

设计单位：

公司电话：

传真号码：

说明：此表格仅供参考，实际操作过程中，如有工作量的变动，进度计划需适当调整。

制表人：

制表日期： 年 月 日

三、学习任务自我评价

学习任务自我评价见表 3-4。

表 3-4 学习任务自我评价

姓名		班级		
时间		地点		
序号	自评内容	分数	得分	备注
1	在工作过程中表现出的积极性、主动性和发挥的作用			所占总评百分比：5%
2	原始结构图中的梁柱标注完整清晰			所占总评百分比：10%
3	准确测量空间尺寸关系，并在手绘结构图中标注清晰。各个功能细节位置都标注完整			所占总评百分比：10%
4	使用 CAD 绘制原始结构图中的墙体，并且标注完整清晰			所占总评百分比：10%
5	在 CAD 平面图中，承重墙能通过色块和标注准确区分			所占总评百分比：10%
6	能够正确理解客户提出的要求并记录相关的信息			所占总评百分比：10%
7	能够与设计师沟通，根据大户型洋房空间定位主题制作客户调研信息表			所占总评百分比：5%
8	能够理解大户型洋房空间的主要要素，以及主题方向（新中式风格）的特点			所占总评百分比：10%
9	能够根据大户型洋房空间主题定位寻找相关的参考案例图片			所占总评百分比：10%
10	根据设计师的设计进度进行计划表的编写			所占总评百分比：10%
11	了解整个设计对接口，责任落实到位			所占总评百分比：10%
总分		100		
认为完成好的地方				
认为完成不满意的地方				
认为整个工作过程需要完善的地方				
自我评价：				
技术文件的整理与记录：				

四、课后作业

（1）每位同学访谈一位朋友或者亲人，了解其对洋房的需求，并根据其提供的信息编写客户访谈信息表，同时根据其需求的风格寻找 30 张相关图片（包含各个功能空间）。

（2）每位同学测量一个室内空间（可以是自己的家），用手绘形式记录尺寸结构图，然后再使用 CAD 绘制平面结构图。

学习任务二 大户型洋房空间方案设计与提案制作训练

教学目标

（1）专业能力：使学生能够积极与设计师沟通，并根据设计师的设计构思完成大户型洋房空间手绘草图和主要空间效果图 4 张；使学生能够根据设计师的设计意图和手绘草图完成设计提案制作（含设计说明），并明确施工图绘制的任务要求和时间节点，制定一份施工图绘制工作计划。

（2）社会能力：培养学生团队合作的精神、人际交流的能力以及培养认真、细心、诚实、可靠的品质，树立客户服务观念，增强客户服务意识。

（3）方法能力：培养学生信息和资料收集能力、案例分析能力、归纳总结能力、语言表达与沟通能力。

学习目标

（1）知识目标：掌握筛选具有参考价值的设计意向图的方法；了解彩色平面布置图的绘制技巧和方法；理解新中式风格空间各个功能分区的特点、设计技巧以及新中式风格手绘草图的表达技巧。

（2）技能目标：能够对相关的意向图进行分析归类；能够用 AutoCAD 绘制平面布置图，用 Photoshop 进行彩图上色；能够完成手绘草图；能够根据设计方案，编制施工图绘制工作计划。

（3）素质目标：具备协同合作的团队精神，具有良好的职业素养；具有空间设计和建筑设计解读和理解的能力；具有一定的美学与艺术素养，能鉴别优秀设计案例。

教学建议

1. 教师活动

（1）教师运用多媒体课件、教学视频等多种教学手段讲授大户型洋房空间设计原则、规律及技巧和方法，并指导学生完成大户型洋房空间方案设计训练。

（2）教师将思政教育融入课堂教学，引导学生认知中华传统文化元素在大户型洋房空间设计中的运用规律，讲授大户型洋房空间设计的技巧和方法。

（3）教师组织学生分组完成学习任务工作实践，并组织各小组完成学习成果的自评、互评以及教师点评。

2. 学生活动

（1）在教师的引导下完成大户型洋房空间设计规律、原则、技巧、方法的学习和手绘草图的绘制、3ds max 效果图的绘制、设计提案制作、施工图绘制工作计划的制定等工作任务实践。

（2）在教师的组织和引导下完成大户型洋房空间设计学习任务工作实践，并进行自评、互评、教师参评等。

（3）构建有效促进学生自主学习、自我管理的教学模式和评价模式，突出学以致用，以学生为中心取代以教师为中心。

一、学习任务导入

通过学习任务一,已经完成了大户型洋房空间业主信息的收集和 CAD 原始结构图的绘制工作。通过对所收集到的信息进行分析,主笔设计师将该空间定位为引领东方生活、新时尚的新中式风格,主要采用稳重的色调,将自然生态氛围贯穿于整个空间,整体视觉感受自然温和,造型简约大方。在本学习任务中,将完成平面布置彩图、手绘草图、主要空间效果图、设计提案(PPT)制作和施工图绘制工作计划。

二、学习任务工作实践

(一)大户型洋房空间平面布置图和彩图绘制

1. 注意事项

(1) 大户型洋房空间设计原则。

① 明确居住需求。

除了别墅以外,绝大多数大户型都是三室两厅和四室两厅的格局。设计前,需要明确客户的居住需求,以及需要实现哪些功能,再进行合理的空间规划。从本设计的空间布局来看,总共有四个房间,根据户主需求,户主和妻子选择主卧空间,父母选择次卧,孩子选择他们之间较近的房间,方便照顾。由于女主人喜欢阅读,靠近大厅的房间设计成阅读休闲区,采光较好,景观较佳,符合功能性需求,如图3-13所示。

② 空间划分需明确。

每个空间都有其基本使用功能,需要将不同的空间按照功能需求细分。首先,要合理安排家居动线。家居动线包括生活动线、家务动线和访客动线,设计这三种动线时除了要保证交通顺畅外,还需保证相互之间的独立性,尤其是访客动线和生活动线应避免交叉。其次,要实现动静分区。动区是指客厅、餐厅、厨房等公共活动比较多的空间,而静区则是指卧室、书房等环境相对安静的区域。设计时,应将动区和静区分开,避免动区的活动影响到静区。卧室、主卫等私密空间要尽量设置在房屋深处,保证私密性,如图3-14和图3-15所示。

图 3-13 平面布置和空间规划

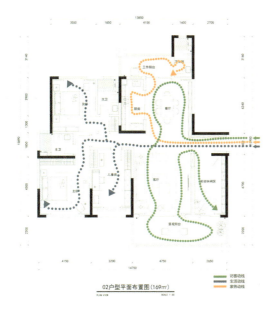

图 3-14 家居动线设计　　　　　　　　图 3-15 动静分区图

③ 增加空间层次。

大户型洋房空间在设计时要有层次感，并通过层次感的设计丰富空间造型。例如，设计客厅电视背景墙时，可以通过减法的形式把非承重墙转变成通透的装饰柜，既丰富了视觉体验，又让空间造型更加丰富。当主人房的收纳空间不足时，也可以巧妙运用隔断柜体，形成新衣柜的同时还给单调的墙面增加了层次感，如图 3-16 和图 3-17 所示。

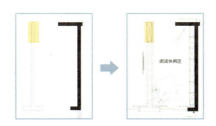

原本的实体墙转变成通透的装饰柜　　　　原本的实体墙转变成凹陷的衣柜

图 3-16 客厅背景墙的层次设计　　　　图 3-17 主卧室衣柜的层次感设计

④ 根据生活需求增加收纳空间。

由于大户型洋房空间的生活需求丰富，空间功能层次复杂，因此收纳功能应该相应地增加。收纳空间不仅能够减少室内杂物的外露摆放，让空间更加整洁纯净，还能让空间在饰面装饰上有更多选择，如图 3-18 所示。

增加餐厅与入户走廊的收纳空间

图 3-18 利用餐厅酒柜增加收纳空间

⑤ 避免家具零碎。

家具的选择一般是根据空间来决定的，尤其是沙发，大小最好不要超过客厅总面积的 1/4。小户型一般都会选择分体式或双人沙发；而大户型则不同，由于空间比较大，若还选择同样的小型沙发，会给人一种零碎的感觉。所以选择大户型中的沙发时，应避免零碎，最好选择整体式或尺寸较大的三人、四人沙发，不仅坐着舒服，空间的整体感也会更强，如图 3-19 所示。

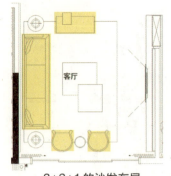

3+2+1 的沙发布局

图 3-19 大户型客厅沙发设置

2. 技能要求（含职业素养）

（1）平面布置图设计制作要点。

① 绘制的家具图层可以细分为固定家具和活动家具，具体分法视设计需求而定。

② 客厅绘制。根据户型布局选择 3+2+1 的沙发布局。

③ 厨房、餐厅绘制。厨房和餐厅有着天然的亲密关系，两者尽量连在一起。厨房进门左侧适合放冰箱，煤气灶设置在厨房中心部位，洗水台安排到窗边，采光和通风更好。

④ 房间绘制。主卧、次卧和儿童房主要根据主人的功能需求安排家具。主卧采用中轴线对称式布局，床头靠墙，两边对称布置床头柜，衣柜设置靠卫生间的墙，为了加强墙体连贯性，可以增加一个转弯位的矮墙，让衣柜内置其中，使整个空间更统一。儿童房与主卧仅有一墙之隔，为了充分利用空间，把儿童房的墙内移至能够容纳一个衣柜的位置，使儿童房收纳空间更齐全。儿童房要满足现阶段 7 岁儿童生活和学习的需求，增加书桌和书柜。次卧床头位置尽量不靠卫生间，以免长期笼罩湿气。

平面布置图如图 3-20 所示。

（2）彩色平面图绘制要点。

平面图主要显示各个空间的功能布局，其中最主要的是根据各个空间的比例进行设计和布局。对平面图进行着色，可以较好地美化平面图效果，具体制作步骤如下。

① 调整好输出图像。将图纸进行图像裁剪，创建墙体、窗户和门的选区，分别将其填充和复制到新图层中，设置合适的效果。

② 填充地板。通过创建选区，复制图像到彩色平面图中，删除不需要的区域，制作出地板效果。

③ 添加素材图像。打开装饰素材图像（瓷砖、大理石、植物等装饰素材），调整合适的大小。

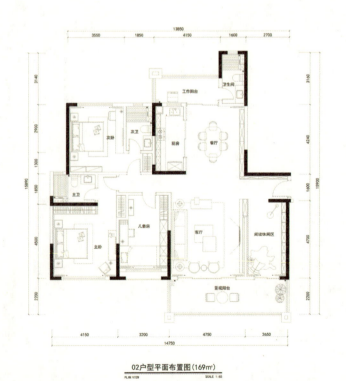

图 3-20 平面布置图
江门市中域设计装饰工程有限公司 作

④ 整体调整。根据设计意向图，对材质、颜色、风格进行调整。色调要统一，冷灰调是该空间的主要调性，需要严格把控。

彩色平面图如图 3-21 所示。

3. 工作实践目标和要求

（1）工作实践目标。

参考图 3-20 应用 CAD 完成平面布置图，参照图 3-21 应用 Photoshop 完成彩色平面图的绘制。

（2）工作实践要求。

① 大户型洋房空间平面布置图功能分区清晰、尺寸合理，能满足户主需求。

② 彩色平面图颜色搭配符合审美要求，能体现部分材质特点。

图 3-21 彩色平面图
江门市中域设计装饰工程有限公司 作

（二）收集、整理与大户型洋房空间设计风格相关的图片（学习成果）

1. 注意事项

新中式风格的设计特点如下。

（1）文化背景。

新中式风格是以中国传统古典文化为背景，打造富有中国特色和情调的装饰风格。新中式风格的家居空间体现出浓郁的东方之美，极富中国文化内涵和人文底蕴，如图 3-22 和图 3-23 所示。

图 3-22 新中式风格客厅设计一　　　　图 3-23 新中式风格客厅设计二

（2）讲究对称。

新中式风格讲究对称式布局，这种造型设计手法源于中国古代"阴阳平衡"的思想观念，以及中庸之道所推崇的稳定、庄重，如图3-24和图3-25所示。

图3-24 对称式布局一　　　　图3-25 对称式布局二

（3）空间层次感。

新中式风格非常讲究空间层次感，在需要隔绝视线的地方，常使用屏风、格栅、博古架等分隔空间，形成隔而不断的效果，既有效地划分了空间，又保证了空间的流畅性，如图3-26和图3-27所示。

图3-26 中式隔断一　　　　图3-27 中式隔断二

（4）线条简洁硬朗。

新中式风格的空间装饰多采用简洁硬朗的直线条。直线条在空间中的使用，不仅反映出现代人追求简单生活的居住要求，更迎合了中式风格追求内敛、质朴的空间视觉效果，使"新中式"更加实用、更富现代感，如图3-28和图3-29所示。

（5）色彩以深色为主。

新中式风格的家居空间多以深色为主调，常以黑、白、灰及褐色为基调，搭配少量的红色、黄色和青色，营造出宁静、稳重、质朴、内敛的空间视觉效果，如图3-30和图3-31所示。

图 3-28 直线条的应用一　　　　　　　图 3-29 直线条的应用二

图 3-30 新中式色彩基调一　　　　　　图 3-31 新中式色彩基调二

2. 技能要求（含职业素养）

能够有效地整理相关案例参考图。通过新中式风格的设计特点归纳出主要特征，用因果图的方式整理新中式案例图片，如图 3-32 所示。

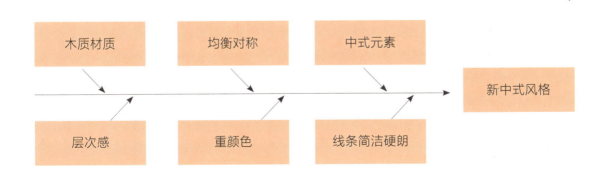

图 3-32 因果图

通过以上关键词,得到选择新中式风格案例图片的标准。在收集图片的过程中要注意结合大户型洋房的主题定位、具体空间布局,以及空间功能性进行筛选,得到有效的参考案例。

3. 工作实践目标和要求

(1)工作实践目标。

结合本项目方案的设计风格定位,收集与主题相关的参考案例和图片。

(2)工作实践要求。

① 能够理解大户型洋房空间的注意要素以及主题方向(新中式风格)的特点。

② 能够根据大户型洋房空间的主题定位寻找相关的参考案例图片。

(三)主要功能空间手绘草图绘制实践(工作成果)

1. 注意事项

(1)手绘草图的绘制要点。

手绘草图的大体步骤为构思、构图、起稿、着色、调整、完成。手绘是服务于设计的,是一个思考并逐步完善的过程。在整个过程中需要思考手绘草图和设计构思的关系,更好地表达设计。手绘草图虽然是手绘草图,但是在透视关系和尺寸比例上要严谨,既要符合空间的限定条件,又要展现一定的艺术美感。在绘制室内空间手绘草图时要掌握手绘的基础知识,如透视原理、线的画法、马克笔和彩铅的应用等,只有掌握这些基础知识,才能更好地表达色彩、材质和造型。

(2)色彩搭配以及材质表达的要点。

手绘草图着色是一个精细表达的过程,在这个过程中需要思考整体色调的统一和色彩之间的搭配问题。同时,从整体空间入手,将主体色、背景色和环境色表现细腻,让手绘草图的效果更加真实、美观。

2. 技能要求(含职业素养)

(1)手绘草图线稿的绘制步骤如图 3-33 和图 3-34 所示。

(2)手绘草图着色及材质表达如图 3-35 所示。

图 3-33 手绘计草图线稿绘制步骤一 张宪梁 作

图 3-34 手绘草图线稿绘制步骤二 张宪梁 作

3. 工作实践目标和要求

参照图3-35完成客厅空间手绘草图的绘制。

（1）能够根据设计意向，准确地用手绘形式进行线稿表达。

（2）能够准确运用色彩表达基本材质和整体光影关系，颜色搭配和谐，画面完整。

（四）大户型洋房空间 3ds max 效果图绘制

1. 注意事项

大户型洋房空间 3ds max 效果图绘制注意事项如下。

（1）根据设计要点进行效果图制作。

（2）通过效果图充分表达设计特色。

（3）尽量通过效果图表达出主要设计理念，包括颜色、风格、材质。

（4）选取最合适的角度进行渲染出图。

2. 技能要求

（1）能够正确识读设计初稿和理解相应的设计风格。

（2）能够参照手绘草图，通过3D软件制作出符合审美需求以及设计表达的三维效果图。

（3）能够应用 Photoshop 软件完成 3ds max 效果图的处理和优化。

3. 工作实践目标和要求

（1）工作实践目标。

参照图3-20、图3-21、图3-22，并结合手绘方案，应用 3ds max 或者酷家乐软件完成大户型洋房主要空间效果图。

（2）工作实践要求。

① 要求效果图空间透视好，渲染的灯光、材质效果好，色调明确及整体效果好。

② 绘制出来的 3D 效果图对设计理念表达清晰。

③ 设计效果符合人们的视觉审美。

各空间效果图如图3-36～图3-38所示。

（五）大户型洋房空间设计提案制作

1. 注意事项

大户型洋房空间设计提案制作注意事项如下。

图3-35 手绘草图线稿绘制步骤三 张宪梁 作

图3-36 客厅效果图
江门市中域设计装饰工程有限公司 作

图3-37 主卧室效果图
江门市中域设计装饰工程有限公司 作

（1）用PPT充分展示出设计理念，包括颜色、风格、材质。

（2）充分展示出设计亮点，选择合适的节点进行呈现。

（3）PPT版式符合设计主题，排版符合现代审美。

2. 技能要求

（1）能够根据方案设计概念和构思拟定大户型洋房空间设计标题，并完成设计说明的编写。

（2）能够结合方案设计概念和构思完成大户型洋房空间设计提案制作。

3. 工作实践目标和要求

（1）工作实践目标。

① 确定大户型洋房空间设计标题，完成大户型洋房空间设计说明。

② 参照所提供的案例完成大户型洋房空间设计提案制作。

（2）工作实践要求。

① 设计主题鲜明、富有创意，并符合业主需求。

② 设计提案制作要求主题鲜明、逻辑清晰、图文并茂、言简意赅。

图3-38 卫生间效果图
江门市中域设计装饰工程有限公司 作

（六）大户型洋房空间施工图绘制工作计划（学习成果）

1. 注意事项

设计方案工作计划的编写内容如下。

（1）要完成的任务目标：平面方案设计、设计提案PPT、平面定稿、施工图设计与制作、审核定稿、项目设计汇总PPT。

（2）具体完成的措施：实现上述目标的方法、步骤、措施、需要的人员等都要充分地考虑，制定具体的计划表。

（3）实现目标的时间：把握好整体的时间分配，合理到每一个环节，前期平面方案设计和平面定稿是项目推进的重要基础，虽然工作量不大，但要准备充分，中期的施工图制作工作量大，因此时间也要安排得长一些。

（4）计划实施人：落实到个人身上，确保每个环节都有具体的实施人。

（5）计划负责人：辅助把控整个项目的时间点，通过工作计划表的编制，有力推进整个项目的进度。

2. 技能要求（含职业素养）

（1）能够按照实际工作量和时间总周期来编写方案进度计划表。

（2）工作进度计划表要求分工合理，时间、空间符合实际情况，责任落实到位。

3. 工作实践目标和要求

（1）工作实践目标。

根据室内空间设计工作流程并结合项目实际情况，完成大户型洋房空间施工图工作计划的编制。

（2）工作实践要求。

① 明确大户型洋房空间设计的基本流程、步骤和方法。

② 分工具体，任务明确。

③ 内容详细，时间安排合理，具有可实施性。

三、学习任务自我评价

学习任务自我评价见表 3-5。

表 3-5 学习任务自我评价

姓名			班级			
时间			地点			
序号	自评内容		分数	得分	备注	
1	在工作过程中表现出的积极性、主动性和发挥的作用				所占总评百分比：10%	
2	能够对相关的意向图进行分析归类				所占总评百分比：20%	
3	能够用 AutoCAD 绘制平面布置图，用 Photoshop 进行彩图上色				所占总评百分比：20%	
4	能够用手绘草图进行准确表达				所占总评百分比：30%	
5	能够根据确定方案，对施工图绘制编制工作计划				所占总评百分比：20%	
总分			100			
认为完成好的地方						
认为完成不满意的地方						
认为整个工作过程需要完善的地方						
自我评价：						
技术文件的整理与记录：						

四、课后作业

（1）分组完成本项目设计意向图的收集，并对其进行分析归类。

（2）应用 Photoshop 完成本项目的彩色平面布置图。

（3）完成本项目的手绘草图（分工合作，每组安排一部分人进行绘画，并派一个代表上台讲解）。

学习任务三 大户型洋房空间施工图绘制训练

教学目标

（1）专业能力：使学生能按照国家制图标准和规范应用 CAD 软件绘制大户型洋房全套施工图，能完成大户型洋房工程材料做法表、材料分类表的制作，施工图的整理和排版等工作。

（2）社会能力：培养学生人际交流能力、问题解决能力、协调分析能力、逻辑思维能力、空间想象能力、创新能力、学习能力。

（3）方法能力：培养学生信息和资料收集能力、案例分析能力、归纳总结能力、语言表达与沟通能力。

学习目标

（1）知识目标：了解和掌握大户型洋房空间施工图绘制的技巧和方法，材料做法表和分类表的制作方法，以及施工图整理和排版的技巧、方法。

（2）技能目标：能按照国家制图标准和规范应用 CAD 软件完成大户型洋房空间设计全套施工图的绘制；能够制作大户型洋房 3D 效果图；能够根据制图规范完成图纸封面、目录，并对整套施工图进行排版。

（3）素质目标：具备协同合作的团队精神和良好的职业素养；培养认真、细心、诚实、可靠的品质；树立客户服务观念，增强客户服务意识。

教学建议

1. 教师活动

（1）教师运用多媒体课件、教学视频等多种教学手段，展示和赏析优秀大户型洋房空间的 CAD 施工图案例，讲授大户型洋房施工图绘制的技巧和方法。

（2）引导学生了解和掌握施工图的制图标准及规范，培养学生规范制图的意识。

（3）组织学生分组，引导学生通过网络、手机等信息化平台收集信息，指导学生完成全套施工图初稿的绘制。

（4）组织学生完成学习成果的自评、互评、教师评价，提升学生人际交流能力和沟通表达能力。

2. 学生活动

（1）认真学习教师展示的大户型洋房空间的 CAD 施工图案例，并记录教师讲授的大户型洋房施工图的绘制技巧和方法、施工图的制图标准和规范。

（2）根据工作目标和实践要求，在教师的指导下完成施工图的绘制。

（3）进行作业的自评和互评，提升学生的语言表达能力和沟通协调能力。

（4）构建有效促进学生自主学习、自我管理的教学模式和评价模式，突出学以致用，以学生为中心取代以教师为中心。

一、学习任务导入

通过对上一学习任务的学习,已经初步掌握了设计提案的制作方法,本学习任务进入深化方案制作的阶段,主要内容为制作施工图以及设计效果图。主笔设计师已经与客户确认了平面布置方案以及设计风格定位,现要求助理设计师进行施工图绘制,同时对设计效果图以及整本施工图册进行排版。

二、学习任务工作实践

(一)大户型洋房 CAD 平面布置图绘制

1. 注意事项

大户型洋房 CAD 平面布置图绘制注意事项如下。

(1)注意各个功能区域的合理划分和人性化设计,房间的结构形式、平面形状及长、宽尺寸。

(2)注意门窗的位置、平面尺寸、门窗的开启方向,以及墙柱的断面形状和尺寸。

(3)注意室内家具、织物、摆设、绿化等具体位置。

(4)各部分的尺寸、图示符号、房间名称及文字说明等。

2. 技能要求(含职业素养)

(1)能够正确识读大户型洋房平面布置图。

(2)能够参照手绘原始结构图,利用 CAD 软件绘制符合国家制图规范和标准的大户型洋房 CAD 平面布置图。

3. 工作实践目标和要求

(1)工作实践目标。

参考图 3-20,应用 CAD 软件绘制符合国家制图规范和标准的大户型洋房 CAD 平面布置图。

(2)工作实践要求。

① 绘制出来的原始结构平面图比例准确、图例清晰、结构准确、层次分明。

② 符合国家制图标准及行业规范。

③ 标注齐全、构造合理。

(二)大户型洋房 CAD 地面铺装图绘制

1. 注意事项

(1)注意标明空间名称及高度。

(2)注意图例说明,注明材料的名称、规格,特别注意不要漏标楼梯位、门槛石、窗台及淋浴区石材,地面砖中线不能直冲门中线。

(3)注意起铺点的注明要精确,去水口、地漏位要注明。

(4)注意波打线、不规则的地面石,造型地面等需要标注尺寸。

(5)要求标明每个独立空间的面积。

2. 技能要求（含职业素养）

（1）能够正确识读大户型洋房地面材质图。

（2）能够参照手绘原始结构图，利用 CAD 软件绘制符合国家制图规范和标准的大户型洋房 CAD 地面材质图。

3. 工作实践目标和要求

（1）工作实践目标。

参考图 3-39，应用 CAD 软件绘制符合国家制图规范和标准的大户型洋房 CAD 地面铺装图。

（2）工作实践要求。

① 绘制出来的地面图比例准确、图例清晰、结构准确、层次分明。

② 符合国家制图标准及行业规范。

③ 标注齐全、构造合理。

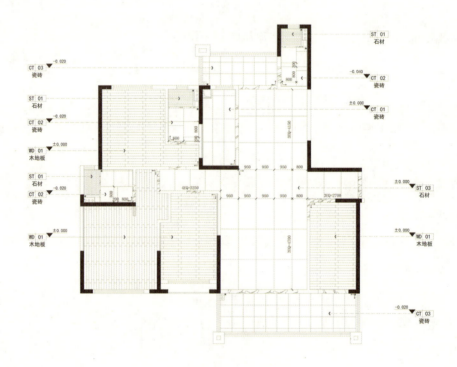

图 3-39 地面铺装图
江门市中域设计装饰工程有限公司 作

（三）大户型洋房天花图绘制

1. 注意事项

大户型洋房 CAD 天花图绘制注意事项如下。

（1）注意要用图例说明标明天花材质，灯饰图例在天花图上要按照灯的真实比例放样。

（2）注意天花要用标准的高度，天花图上的造型天花要标尺寸。

（3）有些空间要求设置排气扇的，需要考虑是窗式机还是天花排气扇。

（4）注意天花上的空调机出风口、回风口布置要合理。

（5）窗位要布置窗帘的，用图例标注出来，原天花有梁的位置要标注出来。

2. 技能要点（含职业素养）

（1）能够正确识读大户型洋房天花布置图。

（2）能够参照设计手稿，利用 CAD 软件绘制符合国家制图规范和标准的大户型洋房 CAD 天花布置图。

3. 工作实践目标和要求

（1）工作实践目标。

参考图 3-40，应用 CAD 软件绘制符合国家制图规范和标准的大户型洋房 CAD 天花布置图。

（2）工作实践要求。

① 绘制出来的天花图比例准确、图例清晰、结构准确、层次分明。

② 符合国家制图标准及行业规范。

③ 标注齐全、构造合理。

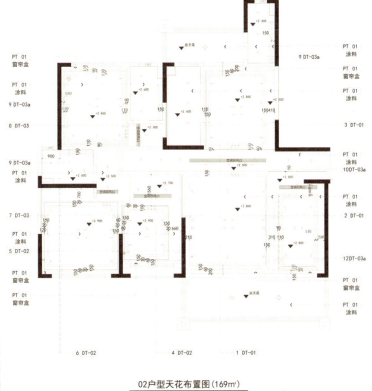

图 3-40 天花布置图

江门市中域设计装饰工程有限公司 作

（四）大户型洋房立面图绘制

1. 注意事项

大户型洋房 CAD 立面图绘制注意事项如下。

（1）尺寸及标高是否完备。

（2）雨棚是否表示。

（3）是否表示了立面材质。

（4）出层面的楼梯间及电梯间是否表示。

（5）外轮廓及地坪线是否加粗。

2. 技能要求（含职业素养）

（1）能够正确识读大户型洋房立面图。

（2）能够参照手绘原始结构图，利用 CAD 软件绘制符合国家制图规范和标准的大户型洋房 CAD 立面图。

3. 工作实践目标和要求

（1）工作实践目标。

参考图 3-41～图 3-46，应用 CAD 软件绘制符合国家制图规范和标准的大户型洋房 CAD 立面图。

（2）工作实践要求。

① 绘制出来的立面图比例准确、图例清晰、结构准确、层次分明。

② 符合国家制图标准及行业规范。

③ 标注齐全、构造合理。

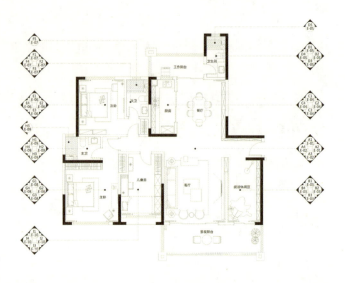

图 3-41 立面索引图
江门市中域设计装饰工程有限公司 作

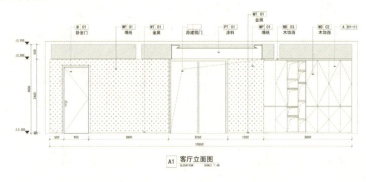

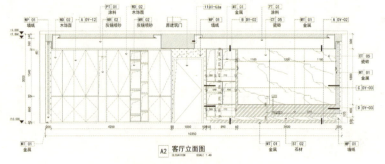

图 3-42 立面图一
江门市中域设计装饰工程有限公司 作

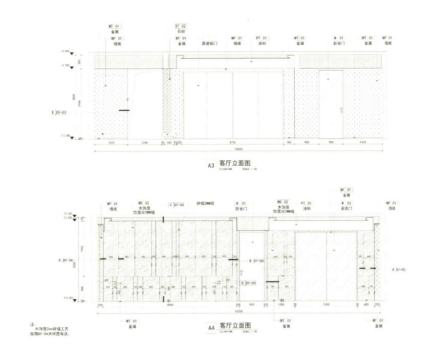

图 3-43 立面图二
江门市中域设计装饰工程有限公司 作

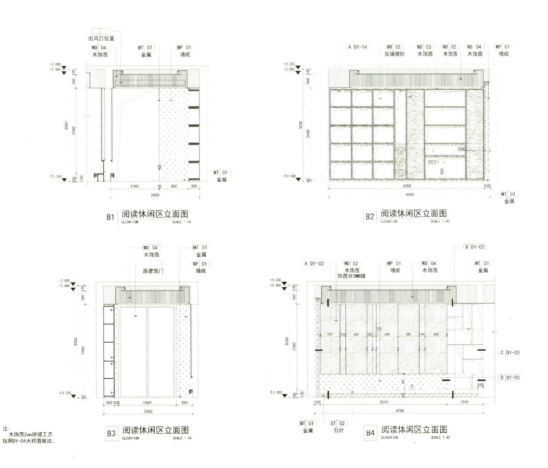

图 3-44 立面图三
江门市中域设计装饰工程有限公司 作

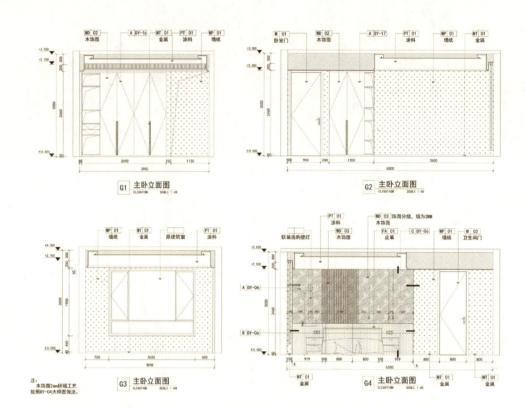

图 3-45 立面图四
江门市中域设计装饰工程有限公司 作

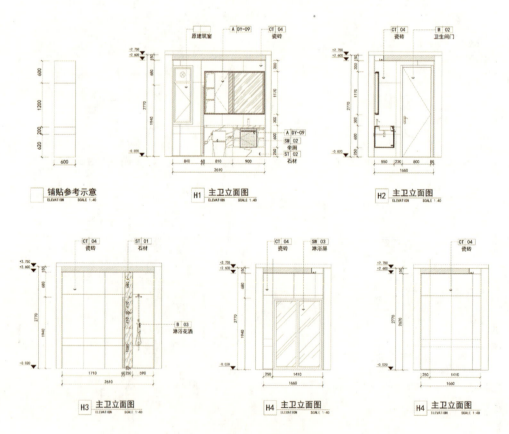

图 3-46 立面图五
江门市中域设计装饰工程有限公司 作

（五）大户型洋房剖面图、大样图、详图绘制

1. 注意事项

大户型洋房 CAD 剖面图、大样图和详图绘制注意事项如下。

（1）是否规范表示了详图索引、详图编号，要在相应的平面图、立面图或剖面图中表示索引符号，索引符号大小符合制图规范的要求。

（2）剖面图的填充图例。

（3）标注定位轴线。

（4）标高尺寸是否完备。

（5）与平面图、立面图、剖面图是否对应。

2. 技能要求（含职业素养）

（1）能够正确识读大户型洋房剖面图、大样图和详图。

（2）能够参照设计手稿，利用 CAD 软件绘制符合国家制图规范和标准的大户型洋房 CAD 剖面图、大样图和详图。

3. 工作实践目标和要求

（1）工作实践目标。

参考图 3-47～图 3-51，应用 CAD 软件绘制符合国家制图规范和标准的大户型洋房 CAD 剖面图、大样图和详图。

（2）工作实践要求。

（1）绘制出来的剖面图、大样图和详图比例准确，图例清晰，结构准确，层次分明。

（2）符合国家制图标准及行业规范。

（3）标注齐全、构造合理。

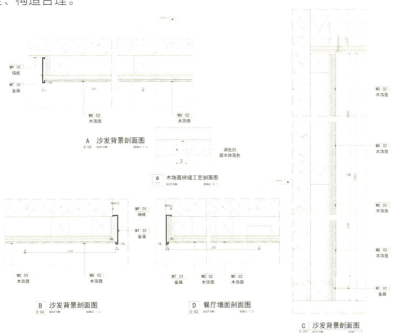

图 3-47 剖面图、详图一
江门市中域设计装饰工程有限公司 作

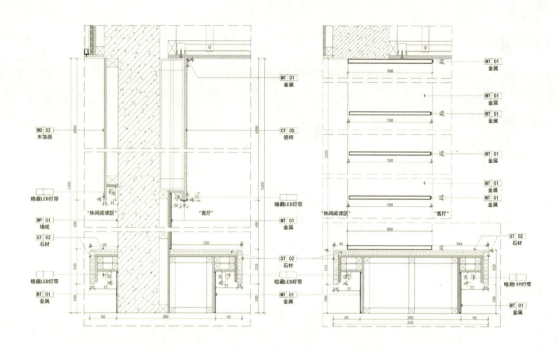

图 3-48 剖面图、详图二
江门市中域设计装饰工程有限公司 作

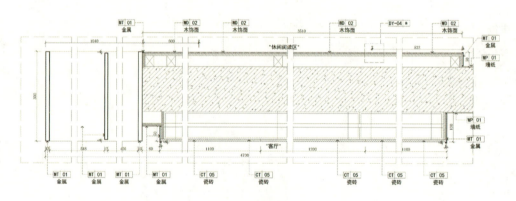

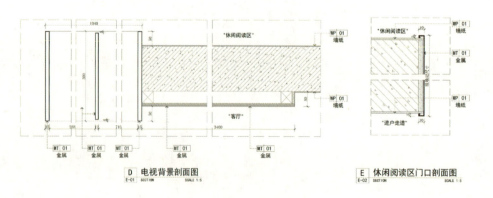

图 3-49 剖面图、详图三
江门市中域设计装饰工程有限公司 作

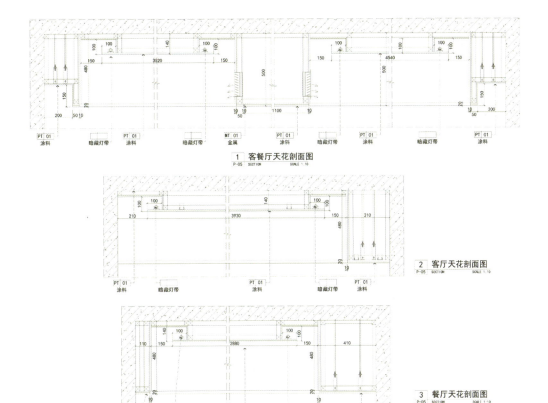

图 3-50 剖面图、详图四
江门市中域设计装饰工程有限公司 作

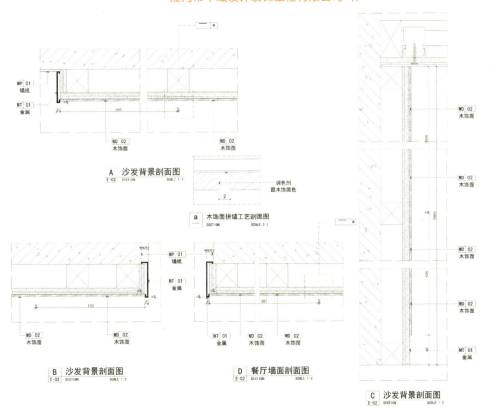

图 3-51 剖面图、详图五
江门市中域设计装饰工程有限公司 作

三、学习任务自我评价

学习任务自我评价见表3-6。

表3-6 学习任务自我评价

姓名		班级		
时间		地点		
序号	自评内容	分数	得分	备注
1	在工作过程中表现出的积极性、主动性和发挥的作用			所占总评百分比：5%
2	大户型洋房CAD平面布置图绘制			所占总评百分比：15%
3	大户型洋房CAD地面铺装图绘制			所占总评百分比：15%
4	大户型洋房天花图绘制			所占总评百分比：10%
5	大户型洋房立面图绘制			所占总评百分比：20%
6	大户型洋房剖面图、大样图、详图绘制			所占总评百分比：20%
7	能够根据制图规范完成图纸封面、目录，并对整套施工图进行排版			所占总评百分比：15%
总分		100		
认为完成好的地方				
认为完成不满意的地方				
认为整个工作过程需要完善的地方				
自我评价：				
技术文件的整理与记录：				

四、课后作业

分组完成施工图绘制，包括封面、目录、原始户型图、平面布置图、地面材质图、天花图、灯具尺寸平面图、强电插座平面图、灯具开关连线图、立面图、剖面图、大样图、水电图。

大户型洋房空间设计图纸整理编排与总结展示训练

教学目标

（1）专业能力：能够汇总全套图纸，并进行定稿；能够制作项目设计总结PPT。

（2）社会能力：能够整理好思路、清晰地进行项目设计总结PPT的汇报。

（3）方法能力：能够总结大户型洋房空间的设计程序和相关技巧，并通过制作项目设计总结PPT整理设计逻辑思路。

学习目标

1. 知识目标

（1）掌握、总结大户型洋房空间的设计程序和相关技巧。

（2）PPT制作和排版技巧。

（3）了解整个设计流程和汇报思路。

2. 技能目标

（1）能够整理各专业提供的最终版本的施工图、装修条件图确认表。

（2）能够整理室内施工图，包括装修图和水电设备施工图。

（3）能够整理平面图、立面图、剖面图、水电图。

（4）能够把控图纸内容的完整度。

（5）能够制作项目设计总结PPT。

3. 素质目标

（1）能够制作项目设计总结PPT并进行汇报。

（2）拥有归纳、总结、分析项目的能力。

教学建议

1. 教师活动

（1）提前一周发放学习工作页等学习材料，上传相关视频、学习网址等优秀资源，布置学生任务。

（2）通过微信、QQ与学生互动，让学生把自己收集好的完整的施工图案例在通信软件上分享与交流，对施工图的绘制有初步认识。

2. 学生活动

（1）在开课前观看相关的设计视频，上网或者去书店查询资料，了解完整施工图制作的要点。

（2）引入小组学习法，每组把收集好的完整的施工图绘制要点进行汇报，总结出相关的特点。

一、学习任务导入

经过前期一系列的方案设计和制作,本学习任务进入到最后的阶段,主要内容为编排、整理全套施工图,把整体方案通过 PPT 制作汇总,并且进行汇报。

二、学习任务工作实践

(一)大户型洋房空间全套施工图定稿工作实践(工作成果)

1. 注意事项

(1)对大户型洋房空间施工图内容完整性的控制。

(2)对大户型洋房空间施工图功能合理性的控制。

(3)对大户型洋房空间施工图实施效果的控制。

2. 技能要求(含职业素养)

(1)能够整理各专业提供的最终版本的施工图、装修条件图确认表。

(2)能够整理室内施工图,包括装修图和水电设备施工图。

(3)能够整理平面图、立面图、剖面图、水电图。

(4)能够把控图纸内容的完整度。

(5)能够完整表达装修设计与建筑的关系。

(6)能够完整表达装修设计与结构的关系。

(7)能够完整表达装修设计与给排水专业之间的关系。

(8)能够完整表达装修设计与电气专业之间的关系。

(9)能够把控好家具配饰。

(10)能够把控好硬装材料。

3. 工作实践目标和要求

(1)大户型洋房空间图册内容比例准确、图例清晰、结构准确、层次分明。

(2)符合国家制图标准及行业规范。

(3)确保图纸内容完整,功能合理,实施效果符合实际。

室内设计施工图要点审查确认表见表 3-7。

表 3-7 室内设计施工图要点审查确认表

专业	审核内容	审核标准	审核此项结果	审核人签名
施工图内容完整性控制	1. 各专业提供的最终版本的施工图、装修条件图确认表	（1）图纸的完整性		
		（2）图纸的规范性		
	2. 室内施工图包括装修图和水电设备施工图	（1）符合专业规范及标准要求，且需含有设计说明及施工做法		
		（2）原始建筑平面图、平面图、地花图、间墙图、天花图、天花灯位尺寸图及给排水图功能划分合理，位置契合		
		（3）选用的材料在施工图上所对应的部位注明，材料代号要统一		
		（4）平面、立面、剖面施工图线条完全对应，尺寸规格合乎建筑尺寸		
		（5）平面、立面、剖面图索引号连贯、互相呼应		
		（6）图面干净、配有必要的文字说明，表意清晰完整		
		（7）图面文字比例、线型设置要统一，同类图图框比例要统一，满足后期打印图纸的视觉协调		
	3. 平面图	（1）度量毛坯房现场的室内尺寸，绘制原始建筑平面图，在此基础上完成平面图		
		（2）瓷砖、马赛克及石材饰面原墙面偏移 30mm 做完成面，乳胶漆、壁纸、木饰面等可以不做完成面线条		
		（3）固定造型要在平面图上用线条相应表示出来，必要的需单独补充出图或文字说明		
		（4）家具尺寸布置要有主次，比例合乎真实需求		
		（5）图面标注文字大小比例协调统一，清晰明了		
		（6）天花、地坪材质表达要以填充图案与文字标注相结合；天花、地面的标高与建筑、结构的关系吻合		
		（7）有叠级地坪及天花处需出剖面图，平面图上相应用剖面图号标示出来		
		（8）各开关、插座、灯具等图形要附表，做详细的文件说明及提供编号		
		（9）若灯具过重或功率过大等请说明并提交要求		
		（10）门厅、阳台、楼梯等处天花需出图		
		（11）庭院及阳台、露台家具也需布置完善		
		（12）标注地坪高度、材料开介尺寸、排水走向及地漏位等细节		
		（13）拆墙、砌墙情况需用图例表明，以备计量		
		（14）固定造型标明规格尺寸，注意门洞口的预留		
		（15）间墙尺寸要清晰、完整		

专业	审核内容	审核标准	审核此项结果	审核人签名
施工图内容完整性控制	3. 平面图	（16）壁灯要标明位置及高度		
		（17）交代灯具位、空调主机、出风口及回风口位置		
		（18）详细的灯具特性表，指引灯具的选购及安装		
		（19）各平面图中表达不清的局部空间，需增加放样图说明		
	4. 立面图	（1）核对立面定位轴线及轴号，各立面需清楚表达立面饰面材料及提供选型样板、分隔线、尺寸、转折部位拼贴方式		
		（2）核对立面室内外标高，尺寸标注；各立面构造、装饰节点详图索引需齐全、呼应		
		（3）立面造型线条要求与平面图线条完全对应		
		（4）原始建筑结构（如梁、楼板、窗等）都需在立面图上标示出来		
		（5）地坪完成面、墙身完成面、天花造型面、灯具、出风口及回风口在立面图上标示出来		
		（6）立面图材质填充、材质代号统一、清晰		
		（7）各开关、插座、电箱位置及高度相应在立面图上标示出来		
		（8）各造型立面的尺寸规格需在图面标注明晰		
		（9）活动家私或饰品位置或尺寸规格有特殊要求的也需在图面标注明晰		
		（10）未来出剖面图的位置都相应地用剖面图号在立面位置标注，楼梯等主要立面构造需完善出节点图		
		（11）控制好局部层高过低空间的天花高度		
		（12）剖面图号与平面图上的索引对应		
		（13）插座、开关等电器设备需相应在立面图上标示出来		
	5. 剖面图	（1）节点构造详图索引号对应，与平面图、立面节点一致，标注尺寸需齐全无误		
		（2）现场制作或者厂家定做的构件需交代清楚表达材料、结构及施工做法		
		（3）横、竖剖面图的地方应标注剖面图号		
		（4）细部还需配以大样图		
	6. 水电图	（1）参照、尊重原始建筑给排水点，忌单纯考虑样板间的视觉效果而任意改管，忽视后期的生活需求		
		（2）充分参照国家相关专业规范，保障安全、有效地用电，保障合理的供水及排污		

专业	审核内容	审核标准	审核此项结果	审核人签名
施工图内容完整性控制	6.水电图	（3）水电的接驳点位置、安装高度人性化、生活化		
		（4）强电系统图需说明电源的接入点、最大功率		
		（5）配电图线路连接要规范、工整、清晰		
		（6）明确强弱电箱的位置		
		（7）给水图注明水管的接入及流向，冷、热水管走管用不同颜色清晰标示，驳接点的定位尺寸清晰		
	7.图纸内容的完整度	（1）目录表整合，核对所有的图纸信息		
		（2）附文件打印样式表（.ctb文件）		
		（3）针对施工图主要用材明细表、图纸图例进行说明		
施工图功能合理性控制	1.装修设计与建筑的关系	（1）根据装修设计平面使用功能是否满足防火、防水规范要求进行审查，是否改变原设计使用功能，若改变需取得相关主管部门的批准及同意		
		（2）核对功能分区的合理性及可行性，平面的功能分区实用率及使用率最大优化		
		（3）核对与建筑原有平面有无冲突，不改动建筑外立面，对建筑外立面无影响		
		（4）核对轴线及编号、尺寸标注是否齐全、正确，室内地面标高与建筑是否一致，各空间分布是否满足使用功能需求，与各相关专业图纸是否一致		
		（5）核对平面布置是否与建筑外观、承重结构、给排水及设备冲突		
		（6）核对建筑门窗的高度对室内天花吊顶高度有无冲突		
		（7）核对卫生间空调及排气扇预留洞口高度与吊顶高度有无影响		
		（8）核对空调预留洞口及室外机位置与室内空调摆放位置有无冲突		
	2.装修设计与结构的关系	（1）在装饰设计中不得拆除或损坏原始承重结构构件		
		（2）不宜增加房间使用荷载，若因改变原始房屋用途或装修做法，导致楼面、屋面、墙荷载等与原设计要求不符时，现设计方案需经原设计单位同意		
		（3）若移动或增加隔墙、围护墙，在承重构件（如板、梁）上开设洞口时，涉及承重结构改动、增加荷载或增减结构构件都应经原设计单位同意，并采取相应的加强措施		
		（4）核对梁位、柱位对室内布置有无影响		
		（5）核对层高能否满足室内空间的要求、梁位置及标高对天花吊顶高度有无冲突		
		（6）内外墙采用幕墙装饰、干挂石材或装饰板时，其材料连接构造做法、材料厚度、规格、抗弯强度应符合有关规定，连接必须牢固可靠		

专业	审核内容	审核标准	审核此项结果	审核人签名
施工图功能合理性控制	3. 装修设计与给排水专业之间的关系	（1）给排水图按原设计单位提供的标准图样出图，需与原始建筑给排水相符及给排水接入点相接		
		（2）地漏及存水弯水封深度不应小于50mm		
		（3）卫生间污水不能与厨房污水共用排水立管、横管和气管		
		（4）空调设备冷凝水应有组织地排放		
		（5）给排水管道不得穿越卧室		
		（6）设计说明中应对原设计消防给水设施概况加以叙述，不能影响原设计消防给水设施的正常使用		
		（7）核对水电位置图，避免墙体变动造成与管线冲突		
		（8）核对给排水管的位置，特别注意卫生间沉箱及排污的位置，对室内效果无影响的同时满足生活需求		
	4. 装修设计与电气专业之间的关系	（1）电气图按原设计单位提供的标准图样出图，需与原始建筑电气相符，装修后不得超过原电气图的总功率		
		（2）电气线路应采用符合安全和防火要求的敷设方式配线，导线应采用铜线，每间住宅进户线截面不应小于 10mm^2，分支回路截面不应小于 2.5mm^2		
		（3）每间住宅的照明线路、普通电源插座、空调电源插座应分路设计，功率过大的大型吊灯应单独控制，除空调插座外，其他应设置漏电保护装置		
		（4）设置电源总断路器，并应采用可同时断开相线和中性线的开关电器		
		（5）核对穿天花底板梁底的管线的位置及大小，避免与天花吊顶标高造成冲突		
		（6）核对开关插座的位置，满足人性化需求，使用方便		
		（7）核对空调室内、室外位置，尽量做到暗藏、不露管线，中央空调要注意处理层高关系及出风口、回风口的安排		
施工图实施效果控制	1. 家具配饰的选控	（1）针对每个空间的家具、灯具、窗帘、地毯、挂画配饰等作简报图及平面索引图，各物件的效果参考图片统一呈现，同时需有家具的具体尺寸、用材、数量及材料说明		
		（2）简报图以 PPT 的格式呈现，内容包括沙发、床、灯具、窗帘、抱枕、地毯等饰品		
		（3）配置明细表，将家具等的位置、尺寸、用材、数量等细节一一呈现		
	2. 硬装材料的选控	（1）为使样板间装修有效、有序地进行，前期的室内设计方案完成的同时，设计公司需随图纸一起附详细的主材样板		
		（2）随图纸一起附详细的主要材料说明表		

（二）大户型洋房空间项目设计总结PPT制作与汇报工作实践（工作成果）

1. 注意事项

（1）大户型洋房空间设计理念、设计意向以及设计说明的文字表达。

（2）大户型洋房空间通过图示化清晰地表达设计效果。

（3）大户型洋房空间最终方案的完整性。

2. 技能要求（含职业素养）

（1）能够通过文字清晰地表达大户型洋房空间的设计理念和设计意向。

（2）能够通过图示化清晰地展示设计效果。

（3）能够完整表述整个案例，并口头进行汇报。

（4）能够掌握一定的PPT美工效果制作技巧。

3. 工作实践目标和要求

（1）大户型洋房空间项目设计总结PPT内容准确、图例清晰、层次分明。

（2）设计思路完整，汇报人口头表达清晰。

三、学习任务自我评价

学习任务自我评价见表 3-8。

表 3-8 学习任务自我评价

姓名			班级		
时间			地点		
序号	自评内容		分数	得分	备注
1	能够团队协同合作制作				所占总评百分比：5%
2	能够整理各专业提供的最终版本的施工图、装修条件图确认表				所占总评百分比：20%
3	能够整理室内施工图包括装修图和水电设备施工图				所占总评百分比：20%
4	能够整理平面图、立面图、剖面图、水电图				所占总评百分比：25%
5	能够把控图纸内容的完整度				所占总评百分比：10%
6	能够进行项目设计总结 PPT 制作				所占总评百分比：20%
总分			100		
认为完成好的地方					
认为完成不满意的地方					
认为整个工作过程需要完善的地方					
自我评价：					
技术文件的整理与记录：					

四、课后作业

（1）分组完成施工图汇总编制（分工合作）。

（2）展示整套设计方案，并进行 PPT 汇报（每组派一个代表上台讲解）。

（3）小组自评、小组互评与教师参评。

（4）任务完成情况分析与总结。

扫描二维码获取
完整汇报方案

项目四
别墅空间设计

学习任务一　别墅空间使用调查和信息收集训练
学习任务二　别墅空间方案设计和提案制作训练
学习任务三　别墅空间施工图绘制训练
学习任务四　别墅空间设计图纸整理编排与总结展示训练

一、项目任务情境描述

本案位于中式徽派风格人居小镇楼盘，业主张先生为广东佛山人，一家四口，两个儿子在美国念完研究生陆续回国，这套别墅面积 850m²。业主选择在这里置业，除了向往依山而居和远离喧嚣的生活，更渴望既能体现中式大宅的文化底蕴，又能呼应当代和未来的生活方式。在布局和后期的软装布置上，能让后代感受到传统文化的熏陶和传承，纵使接受过西方文化的洗礼，亦不忘故乡的传统和礼俗。为此，我们还与业主特别考察了多个岭南名人故居和百年大宅，希望能够以古鉴今。张先生通过朋友介绍，委托我系室内装饰专业空间设计工作室为其进行装修方案设计，负责本项目的设计师（教师）将该项目任务交给了助理设计师（学生），要求半个月完成方案设计。

二、项目任务实施分析

（一）别墅空间使用调查和信息收集

（1）设计师（教师）带领助理设计师（学生）到达别墅施工现场，与业主进行沟通，并对现场进行测量和拍照，用手绘的形式绘制原始建筑平面图，并记录相关尺寸数据和管线、梁柱等部位，了解项目基本情况。

（2）助理设计师（学生）做好业主调查记录表，记录业主提出的需求（空间功能的分布、装修风格的确定、对空间的特殊要求、材料的选用、工程预算、预计工期等），分析业主个性化需求，收集相关资料（装修风格图片及其风格相对应的材料）。

（3）利用 CAD 软件绘制别墅所有楼层的原始结构图，完成后交给设计师做平面布置方案。

【工作成果】：所有楼层的手绘原始结构图和 CAD 原始结构图。

【学习成果】：客户调查表、项目方案设计工作计划。

（二）别墅空间方案设计和提案制作

（1）助理设计师要积极与设计师沟通，并参照设计师的设计构思，完成别墅所有楼层的手绘平面布置图。

（2）根据设计师的设计构思，完成相关设计主材样板、家具、灯具、洁具、布艺、各类饰品图片等的收集。

（3）参照别墅手绘平面布置图，绘制所有楼层的 CAD 平面布置图。

（4）参照设计师的设计构思，完成别墅主要空间手绘立面图及空间透视图。

（5）参照别墅主要空间 CAD 平面布置图和手绘空间透视图，完成 3D 效果图至少 5 张。

（6）根据手绘草图、CAD 平面布置图及 3D 效果图，完成设计提案制作（含设计说明）。

（7）根据设计提案，明确施工图绘图任务要求和时间节点，并制定一份施工图绘制工作计划。

【工作成果】：绘制别墅所有楼层平面布置图、主要立面图、主要空间效果图（包括徒手绘制和 CAD、3D 软件绘制），并制作设计提案 PPT。

【学习成果】：施工图绘制工作计划、设计主材及软装表格绘制。

（三）别墅空间施工图绘制

（1）参照设计师的设计构思，结合平面布置手绘草图及 CAD 平面布置图，绘制出符合国家标准的各楼层平面图（包括平面尺寸图、地材图、开关插座末端定位尺寸图、冷热水末端定位图、拆墙砌墙图）、天花图（灯具尺寸图、灯具开关连线图）。

（2）参照设计师的设计构思，结合手绘立面图、手绘空间透视图、3D 效果图，绘制符合国家标准的各立面图。对于提案中没有涉及的立面，需要与设计师沟通，然后依据以上方法画出立面手绘草图，经设计师确认后再绘制符合国家标准的 CAD 立面图。

（3）参照设计师的设计构思，徒手绘制重要设计部分剖面、节点大样图，经设计师确认无误后，再用 CAD 绘制出符合国家标准的剖面图、节点大样图。

（4）依据水电路末端定位图，绘制出符合国家标准的水管、电线走向图。等水电路隐蔽工程施工后、水泥砂浆封闭前，进行现场拍照、测量，再绘制符合国家标准和规范的电气、冷热水管走向竣工图（便于业主后期水电维修）。

（5）制作工程材料分类表及材料做法表。

【工作成果】：全套施工图初稿（封面、目录、原始户型图、平面布置图、地材图、天花图、灯具尺寸平面图、强弱电开关插座末端定位图、水路末端定位图、立面图、剖面图、大样图）。

【学习成果】：施工图绘制计划、材料做法表、材料分类表。

（四）别墅空间设计图纸整理编排与总结展示

（1）根据施工图制图标准和规范完成图纸的整理与编排，提交全套施工图给设计师进行审核，并根据设计师的反馈意见对施工图进行修改和完善。

（2）对审核通过的全套施工图进行展示。

（3）总结制作过程中遇到的各种难点和问题，并分享项目制作中的经验和收获。

【学习成果】：总结汇报 PPT。

三、项目任务学习总目标

（1）能与业主进行专业沟通，了解和记录业主的装修意向、需求等重要信息。

（2）能根据别墅现场环境徒手绘制原始结构图。

（3）能根据手绘原始结构图及现场测量尺寸，绘制符合国家标准的 CAD 原始结构图。

（4）能根据采集回来的设计信息及要求，对整体方案设计进行工作计划编制。

（5）能根据业主的风格定位，查找收集与本设计相关的优秀设计案例图片，并进行分析归类。

（6）能识读别墅原始建筑图，辨别承重墙与非承重墙，徒手绘制原始平面图，并结合设计师的设计构思，徒手绘制平面布置图、立面图、空间透视图、节点大样图。

（7）能参照设计师的设计构思，结合手绘草图，绘制 CAD 平面布置图、3D 效果图。

（8）能与设计师进行专业的沟通，将手绘草图、CAD 平面布置图、3D 效果图给设计师审核修改，并制作设计项目 PPT 提案。

（9）能按国家制图规范，绘制别墅空间 CAD 平面布置图、立面图、天花图、水电图、拆墙图、砌筑图及 3D 效果图等，并完成图纸封面、目录、工程材料分类表及材料做法表，对整套施工图进行排版。

（10）能将施工图交付设计师审核，并经设计师确定后定稿。

（11）能够制作项目设计 PPT 并进行汇报。

（12）能与施工队进行工程现场交底，与施工人员交流施工方法、材料规格型号，并协助办理施工前报建等相关手续。

（13）能将最终施工图整理存档，并提交项目主管备档。

（14）能按公司规定，节约使用各类耗材。

学习任务一　别墅空间使用调查和信息收集训练

教学目标

（1）专业能力：让学生能够了解别墅空间设计的概念、特点和设计原则，掌握别墅现场勘测的技巧和方法，并能够参照别墅现场完成手绘原始结构图及CAD原始结构图的绘制。

（2）社会能力：培养学生人际交流能力、问题解决能力、协调分析能力、逻辑思维能力、空间想象能力、创新能力、学习能力。

（3）方法能力：培养学生信息和资料收集能力、案例分析能力、归纳总结能力、语言表达与沟通能力。

学习目标

（1）知识目标：了解别墅空间设计的概念、特点和设计原则；了解别墅建筑结构相关知识；掌握别墅现场测量的技巧和方法；掌握别墅平面图绘制的流程和技巧；掌握别墅空间功能划分和平面布置的基本手法；掌握别墅空间设计的风格定位及主题等。

（2）技能目标：能够正确测量别墅现场的空间尺寸（定性测量和定位测量）；能够按照别墅现场行走路线拍摄相关的现场照片；能够手绘别墅原始建筑结构图；能参照原始建筑结构手绘图及现场测量数据绘制CAD原始建筑结构图；能够与设计师进行专业的沟通，并参与制作客户访谈调查表；能够收集整理符合本案的优秀作品案例图片；能正确理解设计师的设计思路，并能够完成方案设计工作计划的制定。

（3）素质目标：能够尊重别墅业主的设计需求，善于与业主沟通并能正确领会业主的意图；具备团队合作精神，具有良好的职业素养；具有别墅空间设计解读和理解的能力；具有一定的美学与艺术素养，能鉴别优秀设计案例。

教学建议

1. 教师活动

（1）教师通过展示中式徽派设计案例，提高学生对中式大宅的文化底蕴鉴赏能力，感受到传统文化的熏陶和传承。引导学生通过网络、手机等信息化平台收集信息，培养和提升学生信息收集能力。

（2）引导学生认知中华传统设计及文化元素在别墅空间设计中的运用规律，并结合别墅空间设计案例讲授别墅空间设计的技巧和方法。

（3）教师组织学生分组完成学习任务工作实践，并组织各小组完成学习成果的自评、互评以及教师参评。

2. 学生活动

（1）在教师引导下完成设计案例的赏析、信息收集、工作实践的训练以及学习成果的自评、互评。

（2）构建有效促进学生自主学习、自我管理的教学模式和评价模式，突出学以致用，以学生为中心取代以教师为中心。

一、学习问题导入

本学习任务即将进入到别墅空间使用调查和信息收集训练环节，在这个环节中需要完成哪些工作和学习任务呢？别墅是高端的住宅建筑，其面积较大，空间功能完善，设计时需要考虑的因素较多，下面结合具体的设计案例一起体验别墅空间的设计过程。

二、学习任务工作实践

（一）别墅原始结构图手绘工作实践

1. 注意事项

（1）别墅的概念。

别墅是住宅的一种，通常是一栋独立建筑或由多栋建筑组成。别墅一般位于城市的郊区或乡野，周围有附属的花园或园林，占地面积较大，其设计注重营造舒适、休闲的环境氛围。相对于高层住宅而言，别墅的建筑面积较大，位置独立，私密性较强。

（2）别墅空间设计的特点。

别墅空间设计的功能需求较多，其地下室一般会有健身房、酒窖、家庭影院、茶室、工人房等功能空间。别墅的厨房较大，可以考虑设计两个厨房，即中式厨房和西式厨房。餐厅也可以设计成中餐厅和西餐厅两种形式。别墅的主卧室一般要求有套间书房与衣帽间，屋顶一般有屋顶花园。别墅空间要求有庭院设计和建筑外立面设计。室外空间也应作为别墅装修设计的室内延伸要素被考虑进去，使其更具整体性。

（3）别墅空间设计的原则。

① 别墅空间设计需要在"常规形态"之中，有"个性美"蕴含于内。所谓的"常规形态"就是常见的家居环境和功能空间布局。而"个性美"就是不变中寻求变化，常规中寻求创新。别墅空间具备这样两种特性，就不会显得平庸和单调。

② 别墅空间设计需要让美观和内涵共存。此原则主要体现在别墅空间软装搭配上，有些别墅空间只有形式美感，没有丝毫的内在气质。

③ 别墅空间设计还要做到室内外空间相辅相成。将别墅的外观设计、庭院设计和室内空间设计有机地结合起来。

④ 别墅空间设计要与业主志趣相结合，方便业主使用。

（4）原始结构图的绘制要点。

① 别墅原始结构图的手绘技巧和方法。

首先熟悉整栋别墅的结构关系，再参考建筑设计公司绘制的别墅建筑设计图，用铅笔轻轻画出整体轮廓，接着用钢笔或中性笔由局部到整体绘制室内原始结构图，用虚线画出梁的位置，铅笔稿不需要擦掉。准备多种颜色的中性笔或钢笔，将梁位、窗位的尺寸单独用不同的颜色标出，便于后期CAD放图。别墅原始结构测量图如图4-1～图4-5所示。

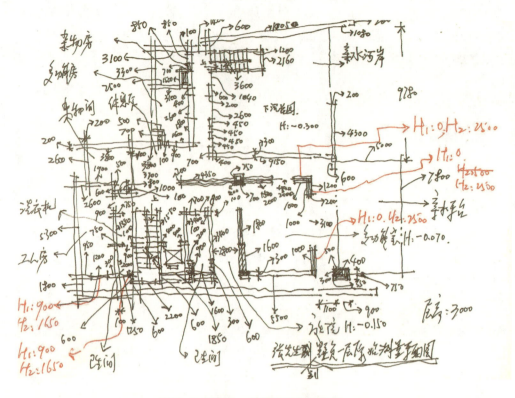

图 4-1 别墅负一层原始结构测量图

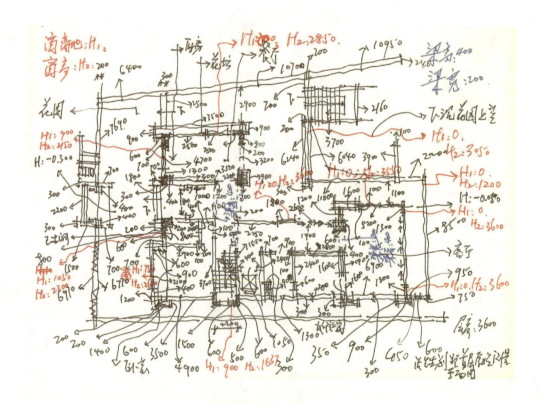

图 4-2 别墅首层原始结构测量图

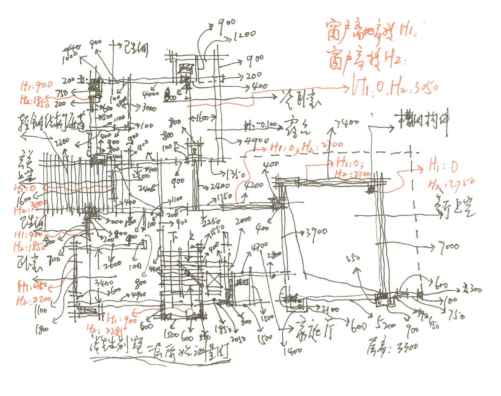

图 4-3 别墅二层原始结构测量图

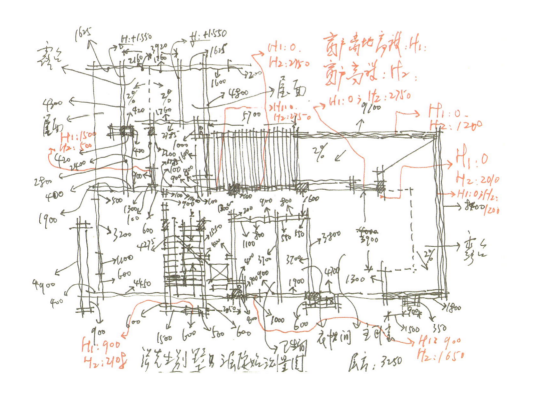

图 4-4 别墅三层原始结构测量图

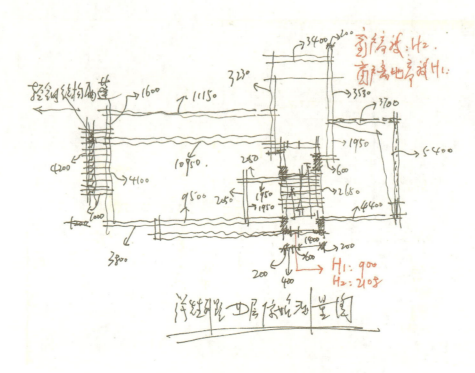

图 4-5 别墅四层原始结构测量图

2. 技能要求（含职业素养）

（1）别墅原始结构图的手绘步骤。

由低层往高层依次绘制，把握整体节奏，从局部入手。建议用颤线绘制，这样容易把控线条的整体性，也可避免重复线条（利于记录尺寸和 CAD 放图）。

（2）绘制过程中线条相接处可以断线，但转折处不能断线，这样绘制出的原始平面图看起来更具整体性。

3. 工作实践目标和要求

（1）参照以上步骤徒手绘制别墅各楼层的原始平面图，并标注尺寸。

（2）尽量保持原始建筑结构图本身的比例关系，不用绘制得精准，但尺寸一定要记录准确。

（3）图纸上除了标明建筑的长度尺寸外，还要标注建筑的朝向、层高、窗高、门高、梁高、电箱位等，另外，庭院部分也要做详细绘制和记录。

（4）墙体要标明承重墙和非承重墙。

（二）别墅 CAD 原始结构图绘制实践（工作成果）

1. 注意事项

（1）通过绘制 CAD 原始结构图，宏观分析户型结构特点。

① 梳理出具体的结构框架。由于现场测量数据繁多，在快速记录过程中，有些尺寸可能会出现误差，因此在绘图过程中应该整体把握别墅的结构框架。

② 由内向外进行绘制，结合墙体长度及厚度，推算出整个空间的框架。

③ 逐渐完善细节部分，用不同的颜色区分不同的结构区，如门、窗、墙体等用不同的图层和颜色进行绘制。

（2）详细标注墙体长度、墙体宽度、梁高、梁宽、窗高、窗宽、层高及相关尺寸。

2. 技能要点（含职业素养）

（1）需要标注别墅的大门朝向。

（2）别墅图纸尺寸标注整齐，同一类型区域需字体大小一致，如客厅、餐厅等功能区域。标注图纸楼层的文字也要与同类型保持一致。

3. 工作实践目标和要求

（1）根据手绘原始结构图，绘制各楼层的CAD原始结构图。

（2）别墅空间各楼层原始结构图的墙体标注应完整清晰。

（3）区分承重墙与非承重墙，承重墙体需要用黑色图案填充。

（4）图纸左下角标明需要备注的文字。

别墅各楼层的CAD平面布置图如图4-6～图4-10所示。

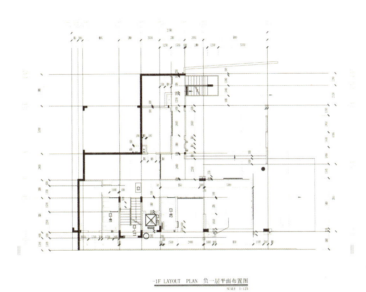

图4-6 负一层平面布置图

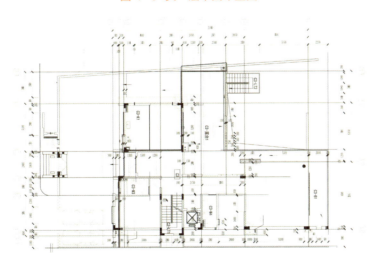

图4-7 一层平面布置图

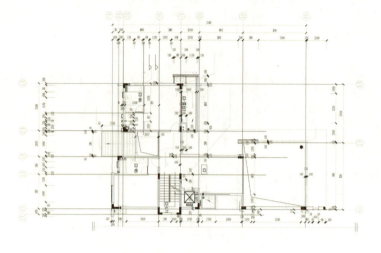

图 4-8 二层平面布置图

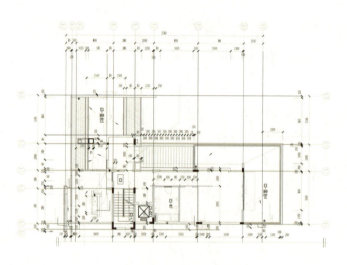

图 4-9 三层平面布置图

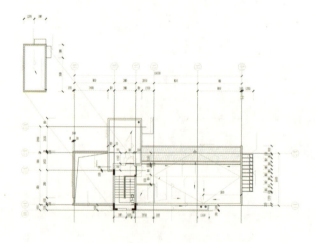

图 4-10 四层平面布置图

（三）别墅使用调查和信息表制作

1. 注意事项

(1) 与客户沟通的技巧。

① 努力取得别墅业主的信任。为了使别墅空间设计更能反映业主个性，本着诚恳负责的态度，赢得业主的信任。

② 了解别墅业主的资金概算。只有充分了解业主的资金情况，才能在预算有限的情况下，发挥最大的效益。

③ 了解业主的背景以及需求。访谈中应清晰了解业主家庭成员的年龄、层次、职业等，尤其要说明有无学龄前儿童或老人，因为家庭成员会成长，而房子的空间却是有一定限制的，好的设计师会预留空间使用上的弹性，尽量满足家庭所有成员现在与未来成长中的居住需求。同时，好的室内设计师不仅在风格形式上要求统一，对于收纳空间的功能需求也不容忽视，了解业主的生活喜好，通过设计帮助其做好收纳。如客户是否有特殊的收纳习惯，譬如是否需要保险箱、酒窖、古董字画储藏室等，要特别在访谈中了解清楚，以便准确设计与施工。

(2) 现场记录技巧。

现场记录前要做好如下访谈准备。

① 要了解别墅项目的基本情况，掌握必要的资料，例如别墅所在小区的特性、当地的文化背景、别墅业主所在群体等，了解得越多，越利于后面的设计。

② 对访谈的业主要充分了解，善于分析掌握其心理、喜好和需求。

③ 因别墅空间区别于一般居住空间，对于空间的特殊要求要做好记录，如庭院花园、游泳池、室内酒窖、棋牌室、KTV室、茶室、健身房、主卧衣帽间等。

2. 技能要求（含职业素养）

（1）能通过与业主的沟通了解别墅的设计风格定位。

（2）能通过与业主、设计师的沟通确定设计主题，并制定别墅空间的客户调研信息表。客户调研信息表如下。

客户调研信息表

一、项目概况

1. 项目名称：

2. 项目地点：

3. 业主基本信息：

二、设计依据

1. 设计规范及标准：参照国家及地方现行相关规范及标准文件。

2. 甲方提供的建筑、结构、设备、水电等各专业设计图，设计任务书及各阶段方案评审纪要。

3. 造价概算：硬装　　　　元/m²；软装　　　　元/m²。

（注：乙方在各阶段设计过程以及材料选型过程中应配合甲方有效控制综合造价概算）

三、设计时间规划

1. 设计起止时间：

2. 施工时间：

3. 项目施工完工或投入使用时间：

四、设计要求

1. 设计理念：

2. 您的住宅使用目的：

A：常年居住　B：度假居住　C：投资　D：传承

3. 设计风格：

A：中国古典风格　B：新中式风格　C：现代简约风格　D：日式风格

E：现代东南亚风格　F：新古典风格　G：现代奢华风格　H：其他

4. 您喜欢的家居整体氛围：

A：温暖　B：清雅　C：时尚　D：热情　E：禅意

5. 您喜欢的颜色（请填写）：　　　　不喜欢的颜色（请填写）：

6. 对于室内设计，您希望实现：

A：舒适淡雅　B：经济实用　C：豪华气派　D：时尚前卫　E：经典永恒

7. 您认为风水学在家居设计中重不重要：

A：重要　B：一般重要　C：不重要

8. 居室功能设定（多选）：

A：客厅　B：卧室　C：书房　D：工人房　E：收藏室　F：影音室

G：茶室　H：酒窖　I：健身房　J：兴趣室

9. 重要空间位置朝向：

10. 您的成员居室需求：

A：父母　B：夫（妻）　C：女儿　D：儿子　E：孙子（女）　F：保姆　G：其他

11. 您的孩子年龄：

A：0岁　B：1～3岁　C：4～8岁　D：9～13岁　E：14～18岁　F：18岁以上

12. 您的个人爱好：

A：收藏　B：音乐　C：养宠物　D：运动　E：阅读　F：旅游　G：上网

H：其他

13. 您喜欢：

A：陪家人　B：外出交友　C：家中经常组织聚会活动

14. 对于墙壁的处理，您会选择：

A：壁纸　B：涂料　C：石材　D：木饰面　E：其他

15. 关于天花，您会：

A：做一些天花造型，如灯带、灯槽等　B：不做任何天花造型

16. 您家里的鞋子大约有多少双（包括靴子和拖鞋）：

A：20双以下　B：20～30双　C：31～40双　D：40双以上

17. 您的用餐习惯：

A：经常在家用餐　B：经常在外用餐　C：经常在家请客

18. 您喜欢喝：

A：茶　B：咖啡　C：饮料　D：水　E：其他

19. 您对厨房的要求：

A：中式厨房　B：西式厨房　C：A、B均需要　D：其他

20. 您认为厨房最难清洁的地方是：

A：灶台处的墙面　B：橱柜柜角　C：灶台　D：水槽　E：垃圾桶　F：地面

G：天花

21. 您的洗浴方式：

A：淋浴　B：浴缸　C：二者兼有　D：其他

22. 您的主卧衣柜一般会放置哪些物品（多选）：

选出两类最占衣柜空间的物品（双选）：

选出两类最少使用的物品（双选）：

A：休闲服、运动服等可折叠衣物

B：衬衫、长裤、长裙等需悬挂衣物

C：西服、冬装等厚重衣物

D：领带、袜子、内衣等配件

E：棉被、床单等床上用品

F：箱包、帽子等其他配件

23. 您喜欢的陈设品：

摆设类：　A：雕塑　B：玩具　C：酒杯　D：花瓶　E：其他

壁饰类：A：工艺美术品　B：各类书画作品　C：图片摄影作品　D：其他

24. 您喜欢：

A：陶品　B：玉器　C：木制品　D：玻璃制品　E：瓷器　F：不锈钢　G：其他

25. 您喜欢哪类画：

A：壁画　B：油画　C：水彩画　D：国画　E：其他

26. 您的其他要求：

五、电器要求

家电名称	有/无	家电规格	家电品牌及颜色	所处房间名称	特殊要求
电冰箱					
电视					
洗衣机					
网络					
电话					
热水器					
取暖设备					
中央空调					
普通空调					
新风系统					
音响系统					
除尘系统					
安防系统					
智能家居					
太阳能					
净化水设备					

3. 工作实践目标和要求

（1）能够参照业主所提出的观点和需求记录相关信息。

（2）能够与设计师沟通，根据别墅空间实际特点定位设计主题，制作客户调研信息表。

（四）根据别墅空间设计风格的相关特点与元素进行参考图片的收集与整理（学习成果）

1. 注意事项

（1）根据该别墅所处的小区环境与业主的设计需求，将设计风格定位为新中式风格。

新中式风格是在传统中式风格的基础上运用现代简单的中式元素展现传统文化的沉稳大方、端庄典雅，在设计上以深色为主，讲究空间的层次感和跳跃感，沉稳大方，不奢华又不失品位，表现出中国传统文化的魅力。新中式风格设计如图 4-11～图 4-14 所示。

图 4-11 新中式风格设计元素

图 4-12 新中式风格门厅设计意向图

图 4-13 新中式风格客厅设计意向图

图 4-14 新中式风格卧室设计意向图

2. 技能要求（含职业素养）

能够有效地收集并整理相关的别墅空间案例参考图。

3. 工作实践目标和要求

（1）能够正确理解别墅空间的主要设计要素、设计主题以及新中式风格的特点。

（2）能够正确地定位别墅空间设计主题，并寻找相关的参考案例图片。

三、学习任务自我评价

学习任务自我评价见表 4-1。

表 4-1 学习任务自我评价

姓名		班级			
时间		地点			
序号	自评内容	分数	得分	备注	
1	在工作过程中表现出的积极性、主动性和发挥的作用			10%	
2	信息收集方法的正确性			5%	
3	现场徒手绘制原始结构图的表达能力			10%	
4	现场尺寸测量能力			5%	
5	与业主、设计师的沟通能力			10%	
6	根据手绘测量图及详细尺寸绘制 CAD 原始结构图的能力			10%	
7	在 CAD 原始结构图中承重墙能通过色块和标注准确区分			5%	
8	能够正确理解开发商、业主提出的要求并记录相关信息			5%	
9	能够与设计师沟通，定位设计主题，制作客户调研信息表			10%	
10	平面布置手绘草图及空间透视图的绘制能力			10%	
11	CAD 施工图绘制能力			10%	
12	能够根据别墅空间定位主题，寻找相关的参考案例图片			10%	
总分		100			
认为完成好的地方					
认为完成不满意的地方					
认为整个工作过程需要完善的地方					
自我评价：					
技术文件的整理与记录：					

四、课后作业

每位同学访谈一位朋友或者亲人对别墅空间的需求，并根据其反馈的信息编写客户访谈信息表，同时根据其需求的风格寻找 30 张相关图片（包含各个功能空间）。

别墅空间方案设计和提案制作训练

教学目标

（1）专业能力：让学生能够积极与设计师沟通，并根据设计师的设计构思完成别墅空间手绘草图和主要场景效果图，以及设计提案制作（含设计说明）；让学生能够根据设计师的设计意图和手绘草图方案明确施工图绘制的任务要求和时间节点，并制定一份施工图绘制工作计划。

（2）社会能力：培养学生团队合作的精神、人际交流的能力，培养学生认真、细心、诚实、可靠的品质，树立客户服务观念，增强客户服务意识。

（3）方法能力：培养学生信息和资料收集能力、案例分析能力、归纳总结能力、语言表达与沟通的能力。

学习目标

（1）知识目标：掌握筛选具有参考价值的别墅设计意向图的技巧和方法；掌握别墅彩色平面布置图的绘制技巧和方法；理解新中式风格别墅空间中各个功能分区的特点、设计技巧；掌握新中式风格别墅手绘草图的表达技巧。

（2）技能目标：能够对相关的意向图进行分析、整理、归类；能够用 AutoCAD 绘制平面布置图，用 Photoshop 进行彩图上色；能够完成别墅空间手绘草图；能够根据设计方案编制施工图绘制工作计划。

（3）素质目标：能与业主、设计师进行专业的沟通与交流，并准确领会业主、设计师的想法，结合建筑外观环境，作出相应的设计；具备团队合作精神，具有良好的职业素养；具有一定的美学与艺术素养，能借鉴优秀设计案例，在实践中不断总结经验，为今后的学习与工作做铺垫。

教学建议

1. 教师活动

（1）提前一周发放学习工作页等学习材料，上传相关视频、学习网址等优秀学习资源，布置学习任务。

（2）通过微信、QQ 与学生互动，让学生把自己收集好的新中式案例在通信软件上分享与交流，对别墅空间风格、材料等方面有初步认识。

2. 学生活动

（1）开课前观看相关设计视频，上网或去书店查找资料，了解别墅空间设计程序与步骤。

（2）引入小组学习法，每组将收集好的参考案例进行汇报，总结出相关的特点。

一、学习问题导入

通过学习任务一已经完成了别墅 CAD 原始结构图的绘制及新中式风格定位等工作,接下来将进入别墅的方案设计和提案制作阶段。在本学习任务中,需要完成别墅平面布置彩图、手绘草图、主要空间效果图、设计提案(PPT)制作和施工图绘制工作计划等。

二、学习任务工作实践

(一)别墅手绘平面图工作实践

1. 注意事项

(1)手绘平面图的绘制要点。

手绘平面图的大体步骤为构思、构图、起稿、着色、调整、完成。手绘是为设计服务的,这点区别于纯绘画,设计手绘着重表达设计想法和构思。手绘平面图主要表达设计关系,不能因过分注重手绘图的艺术表现,而忽略了设计表达。

(2)色彩搭配与表达要点。

上色工具主要是马克笔和彩铅,相比较而言,彩铅着色相对便捷一些。平面图上色以表现材料的固有色为主,辅以光线及家具的阴影,增强立体感。常见的平面图配色包括墙体用深色或黑色、窗户用蓝色、地板用木色、地砖可用灰色或浅米色、木质家具用木色、植物用绿色等。

(3)平面布置功能划分上讲究动静分区,人活动较多处为动区,活动较少处为静区,比如卧室为静区,客厅为动区等。这个要点建筑师一般都有考虑,但是因为每位业主的实际需求不同,有时会做细微调整。天花图设计尽量与平面布置图相互呼应,天花很多时候是为了遮挡设备或隐藏梁的位置,使空间更加整体。特殊情况下也要将天花做隔音处理,比如影视厅。

(4)平面功能划分使用轴对称是很常见而有效的表现手法,即均衡对称。

如图 4-15 ~ 图 4-24 所示为各楼层平面布置图及天花图。(注意平面布置图中的功能分区、线条、颜色等)

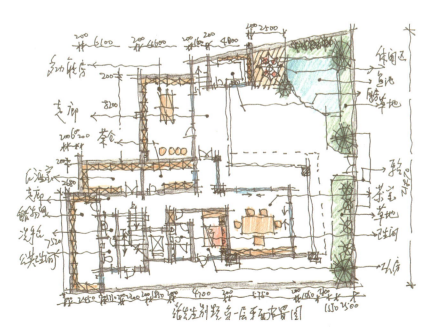

图 4-15 负一层平面布置图

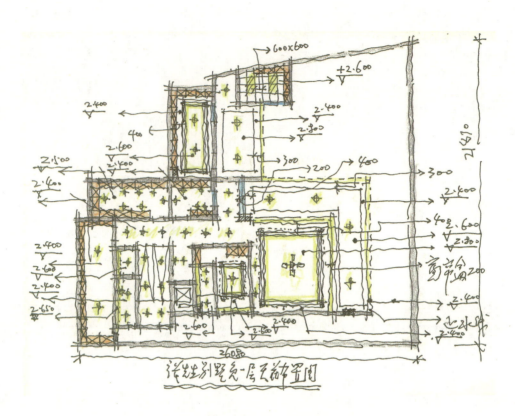

图 4-16 负一层天花图

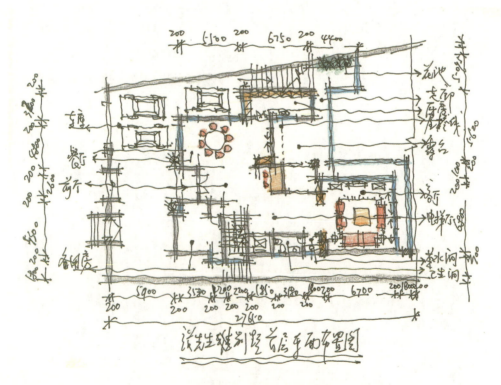

图 4-17 首层平面布置图

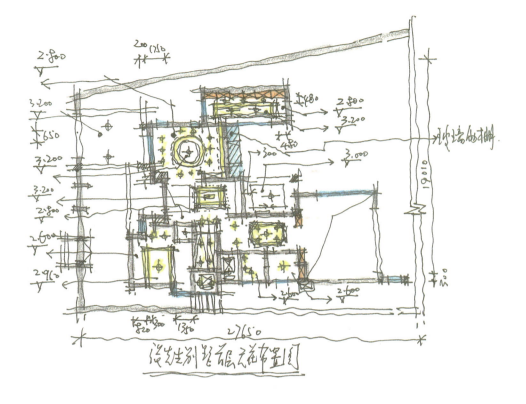

图 4-18 首层天花图

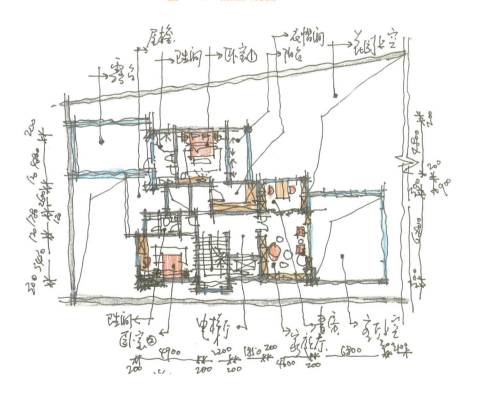

图 4-19 二层平面布置图

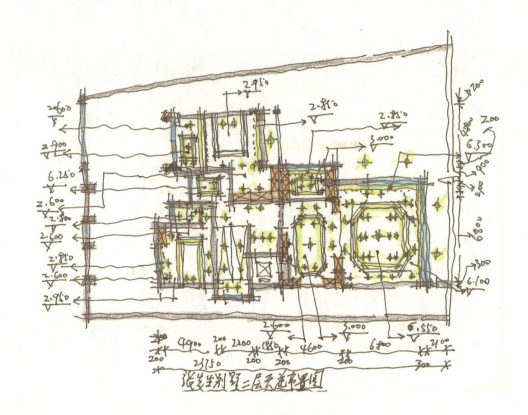

图 4-20 二层天花图

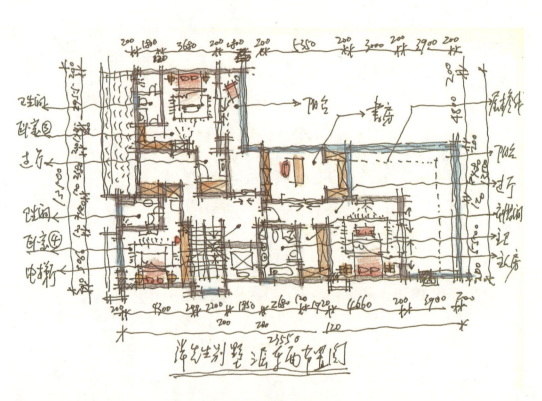

图 4-21 三层平面布置图

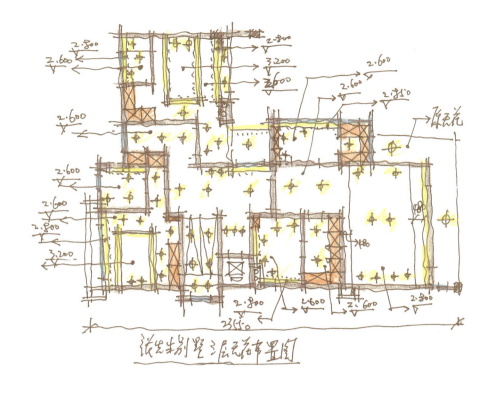

图 4-22 三层天花图

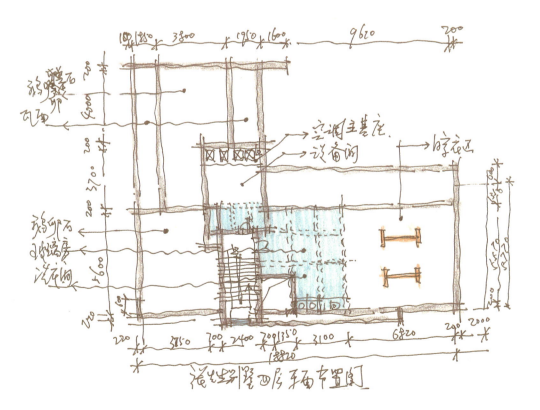

图 4-23 四层平面布置图

2. 技能要求（含职业素养）

（1）用铅笔起稿要轻，画出大概的方位即可。

（2）用钢笔描线，用笔要肯定，要注意线条有起点与终点，一根线画不到位，可以接第二根线，但中间要有间隔，转折处要交叉。

（3）用彩铅上色，可以使用明暗素描中的排线方式，尽量放松。

3. 工作实践和要求

（1）工作实践目标。

参考图4-15～图4-24完成别墅各层手绘平面布置图的临摹，参照各层平面布置手绘草图，应用Photoshop完成别墅平面布置彩图的绘制。

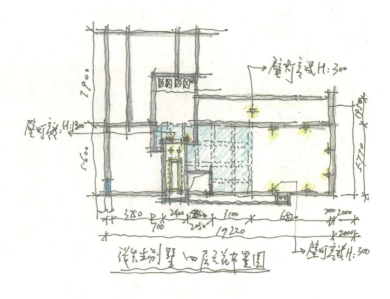

图4-24 四层天花图

（2）工作实践要求

① 能够根据功能需求、设计风格定位的方向，完成平面布置手绘草图的绘制。

② 能够根据物体的固有色，完成平面布置手绘草图上色。

③ 能够根据平面布置手绘草图应用设计软件完成平面布置彩图的绘制。

（二）别墅手绘透视图工作实践

1. 注意事项

（1）参照平面布置手绘草图的绘制方法，另外要强调透视和比例关系。

（2）先找到要表现的空间，将该空间理解成一个正方体或长方体，人站在正方体或长方体的盒子中，然后将所有的家具理解成其中小的正方体或长方体、圆柱体或球体等几何体，用铅笔轻轻起稿，然后用钢笔或中性笔勾线，再用彩铅上色。

（3）手绘透视图的表达直接涉及平面和立面的设计，平面和立面设计常用对称的表现手法，体现庄重、典雅、稳定的视觉效果。四面墙一般有一面为主要墙面，另外三面为次要墙面，主要墙面可以做较为丰富的造型，在材料和色彩上区别于其他墙面，表现主次分明的效果，制造空间中的视觉中心。

如图4-25～图4-29所示为别墅主要空间手绘透视图。

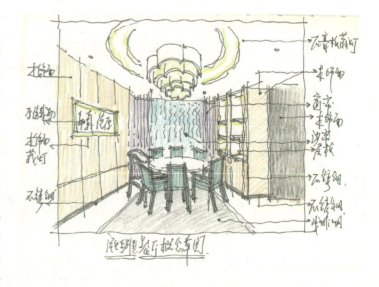

图4-25 餐厅手绘草图

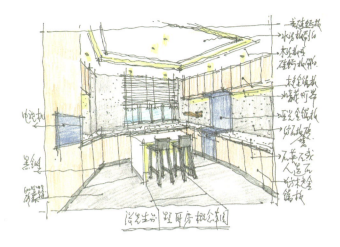

图 4-26 厨房手绘草图

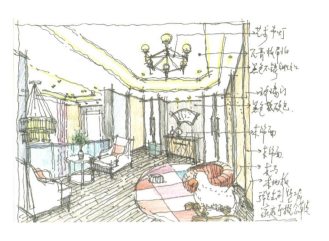

图 4-27 家庭厅手绘草图

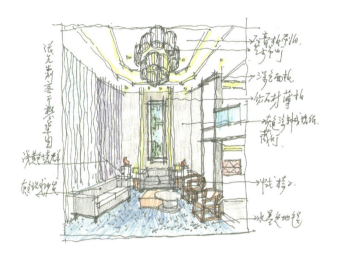

图 4-28 客厅手绘草图一

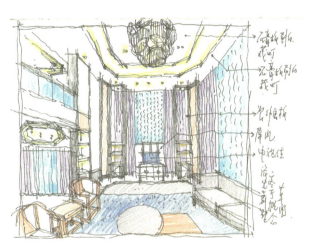

图 4-29 客厅手绘草图二

2. 技能要求（含职业素养）

（1）铅笔起稿要轻，画出大概的方位即可。

（2）用钢笔描线，用笔要肯定、清晰，要注意线条的美感。

（3）用彩铅上色，色彩淡雅，让线条和色彩有机结合。

3. 工作实践和要求

（1）工作实践目标。

参考图 4-25 ~ 图 4-29 完成别墅主要空间效果图的临摹。

（2）工作实践要求。

① 能够根据平面图、立面图，徒手绘制透视图。

② 能够根据物体的固有色，结合光源色，进行手绘透视图上色。

（三）别墅 CAD 平面图工作实践（工作成果）

1. 注意事项

（1）绘制 CAD 平面图时要进一步完善平面功能的合理性。

（2）注意 CAD 平面图的规范性，家具尺寸比例准确，构图美观。

（3）CAD 平面图与手绘平面图的最大区别是就是尺寸的精确性，徒手绘制可以适当灵活些，而运用 CAD 作图应保证尺寸的精准。

如图 4-30～图 4-34 所示为别墅 CAD 平面布置图。

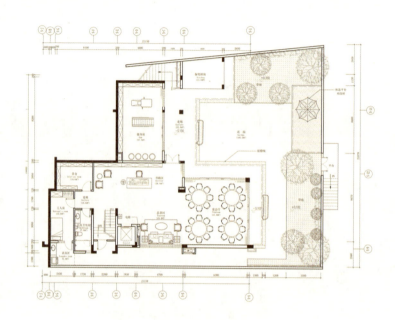

图 4-30 负一层平面布置图

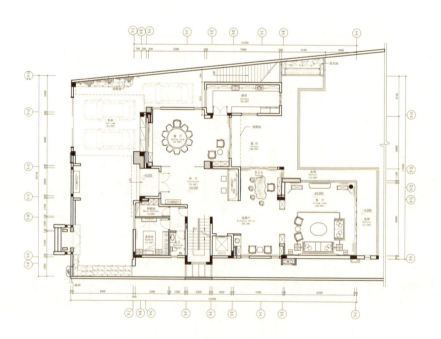

图 4-31 首层平面布置图

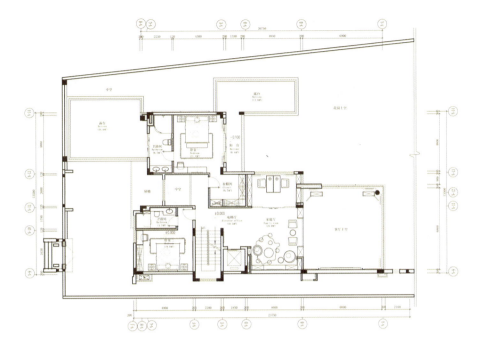

图 4-32 二层平面布置图

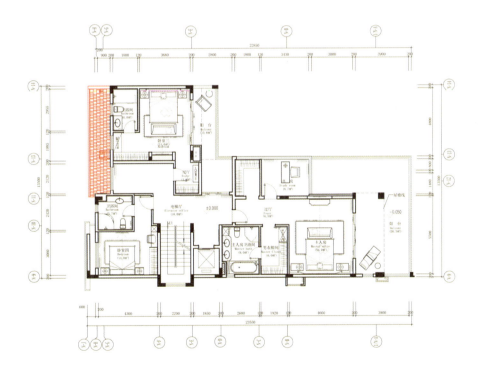

图 4-33 三层平面布置图

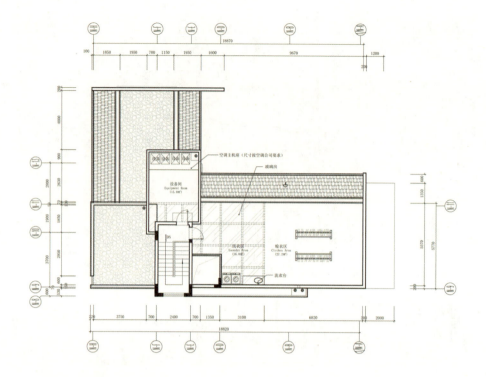

图 4-34 四层平面布置图

2. 技能要求（含职业素养）

（1）根据所收集的图片，进一步确定别墅功能设计是否合理。

（2）CAD 施工图尺寸精准，字体大小得当。

3. 工作实践和要求

（1）工作实践目标。

参考图 4-30～图 4-34，运用 CAD 软件完成别墅各层平面布置图的临摹。

（2）工作实践要求。

① 能够参照手绘平面布置图完成各层 CAD 平面布置图的绘制。

② 能够检查图纸尺寸、标注、构图等是否准确与合适。

③ 能够根据概念参考图片，完善别墅空间 CAD 平面布置图。

（四）别墅主要空间 3D 效果图绘制工作实践

1. 注意事项

（1）3D 效果图要结合平面图、立面图、手绘透视图进行绘制。

（2）别墅的效果图绘制较为复杂，很多造型和家具的模型需要自己建模。

（3）通过 3D 效果图的绘制进一步加强对空间设计的理解。

如图 4-35～图 4-38 所示为别墅主要空间 3D 效果图。

图 4-35 餐厅 3D 效果图

图 4-36 厨房 3D 效果图

图 4-37 家庭厅 3D 效果图

2. 技能要求（含职业素养）

（1）根据收集的概念图片和手绘草图绘制 3D 效果图。

（2）根据设计需要，完成家具、灯具、墙面、顶面、地面建模。

（3）根据空间及设计需要，完成效果图的材质贴图和灯光渲染。

3. 工作实践和要求

（1）工作实践目标。

参考图 4-35～图 4-38 完成别墅主要空间 3D 效果图的临摹。

（2）工作实践要求。

① 能够根据平面布置图、立面图、手绘透视图绘制 3D 效果图。

② 能够根据设计需要对灯具、墙面、顶面、立面、地面等进行建模，并完成材质贴图及灯光渲染。

图 4-38 客厅 3D 效果图

三、学习任务自我评价

学习任务自我评价见表4-2。

表4-2 学习任务自我评价

姓名		班级			
时间		地点			
序号	自评内容	分数	得分	备注	
1	在工作过程中表现出的积极性、主动性和发挥的作用			10%	
2	收集整理概念参考图片的能力			10%	
3	制作主材样板、家具、灯具、洁具、布艺、各类饰品的图片及表格的能力			10%	
4	平面图、立面图的手绘表达能力			10%	
5	徒手绘制主要空间透视图的表达能力			10%	
6	CAD平面图、主要空间3D效果图的绘制能力			15%	
7	与业主、设计师的沟通能力			10%	
8	会品读优秀设计作品,并能借鉴其作品的设计元素			15%	
9	制作设计提案PPT的条理性、整体性			10%	
总分		100			
认为完成好的地方					
认为完成不满意的地方					
认为整个工作过程需要完善的地方					
自我评价:					
技术文件的整理与记录:					

四、课后作业

请同学们完成一套别墅设计提案PPT,包括平面图、立面图、效果图(手绘版和软件版),以及主材、辅材、家具、灯具、洁具、布艺、各类饰品等的图片和表格。

学习任务三 别墅空间施工图绘制训练

教学目标

（1）专业能力：使学生能够按照国家建筑制图标准和规范，应用 CAD 软件绘制别墅空间全套施工图；能够完成别墅空间工程材料、灯具、五金件（与软装表相同）说明表的制作。

（2）社会能力：培养学生认真、细心、诚信、可靠、吃苦耐劳的品质以及团队合作精神和人际交往能力，培养学生树立客户服务观念，增强客户服务意识。

（3）方法能力：培养学生信息收集能力、案例分析能力、归纳总结能力、语言表达沟通能力。

学习目标

（1）知识目标：了解别墅空间施工图的绘制程序、技巧和方法；掌握别墅空间工程材料、灯具、五金件（与软装表相同）说明表制作的要点和注意事项。

（2）技能目标：能按照国家制图标准和规范，应用 CAD 软件完成别墅空间全套施工图初稿的绘制；能够按照行业标准和规范完成别墅空间工程材料、灯具、五金件（与软装表相同）说明表的制作。

（3）素质目标：具备协同合作的团队精神和良好的职业素养；培养认真、细心、诚信、可靠、吃苦耐劳的品质；树立客户服务观念，增强客户服务意识。

教学建议

1. 教师活动

（1）教师运用多媒体课件、教学视频等多种教学手段，展示和赏析优秀别墅空间的 CAD 施工图案例，并讲授别墅空间施工图的绘制技巧和方法。

（2）引导学生掌握国家施工图制图标准和规范，培养学生规范制图的意识。

（3）组织学生分组完成学习，引导学生通过网络、手机等信息化平台收集信息，指导学生完成全套施工图的绘制。

（4）引导学生完成学习成果的自评、互评和教师参评，提升学生的人际交流能力和沟通表达能力。

2. 学生活动

（1）认真观摩教师展示的别墅空间 CAD 施工图案例，并记录教师讲授的别墅空间施工图绘制的基本流程、技巧和方法。

（2）根据工作目标和实践要求，在教师的指导下完成施工图的绘制。

（3）在教师的引导下完成作业的自评、互评和教师参评，提升学生的语言表达能力和沟通协调能力。

（4）构建有效促进学生自主学习、自我管理的教学模式和评价模式；突出学以致用，以学生为中心取代以教师为中心。

一、学习问题导入

接下来即将进入别墅空间的施工图绘制环节,在这个环节中,需要完成哪些工作和学习任务呢?对于施工图的种类和绘制标准、规范大家又了解多少呢?

二、学习任务工作实践

(一)别墅空间平面施工图工作实践(工作成果)

1. 注意事项

别墅空间的 CAD 平面图包括原始户型图、平面布置图、索引平面图、间隔平面图、地材图、天花图、灯具尺寸平面图、开关末端定位图、插座末端定位图、冷热水末端定位图、水电线管走线图,如图 4-39~图 4-41 所示。

别墅空间 CAD 平面图绘制要点和注意事项如下。

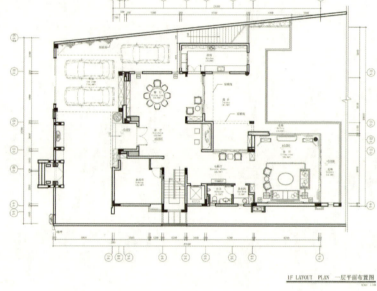

图 4-39 首层平面布置图

(1)注意各个功能区域设计的人性化和合理性,以及各个空间的结构形式、长宽尺寸。

(2)注意门窗的位置、尺寸、开启方向及墙柱的尺寸。

(3)注意室内家具设置、软装摆设等具体位置及尺寸。

(4)注意各部分的尺寸、图示符号、各功能区名称及文字说明等。

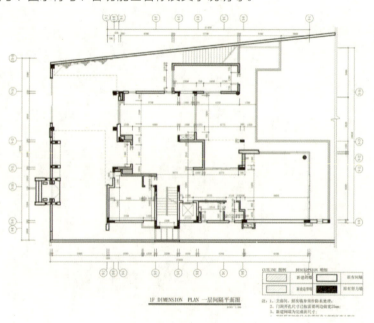

图 4-40 首层间隔平面图

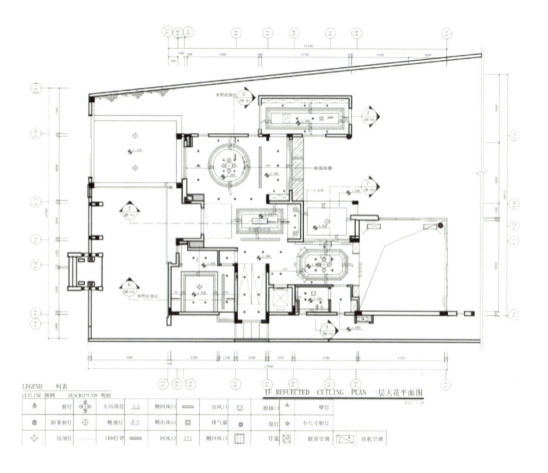

图 4-41 首层天花平面图

2. 技能要求

（1）能够正确识读别墅空间手绘草图和 CAD 平面图。

（2）能够参照别墅空间手绘草图，利用 CAD 软件绘制符合国家制图规范和标准的别墅空间 CAD 平面图。

3. 工作实践目标和要求

（1）工作实践目标。

参考图 4-39～图 4-41 并结合别墅空间手绘草图，绘制符合国家制图标准和规范的别墅空间 CAD 平面图。

（2）工作实践要求。

① 平面图比例准确、图例清晰、结构准确、层次分明。

② 平面图符合国家制图标准及行业规范。

③ 平面图标注齐全、构图合理。

（二）别墅空间立面、剖面、节点大样图工作实践

1. 注意事项

别墅空间立面图绘制要点和注意事项如下。

（1）立面图需要注意尺寸与天花标高是否吻合；立面材质是否标出；高度尺寸是否标出；同一个空间的

四个立面高度及设计是否对应；立面图纸标注是否与平面图索引符号对应；立面图天花顶线与地面线条要适当加粗。

（2）剖面图、节点大样图注意填充图例；所处图纸与平面索引图是否对应。

别墅空间立面、剖面、节点大样图如图 4-42～图 4-45 所示。

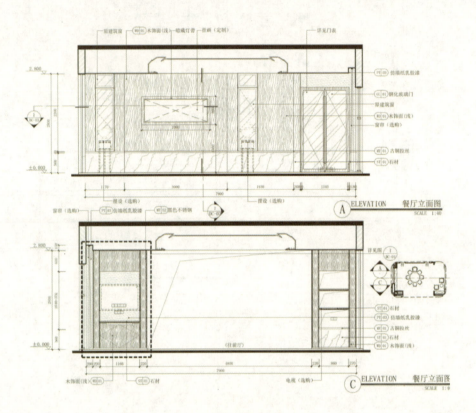

图 4-42 餐厅立面图

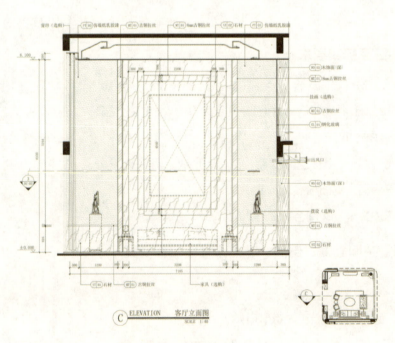

图 4-43 客厅立面图

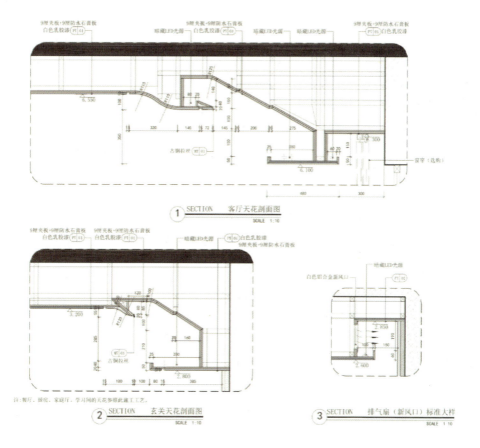

图 4-44 天花剖面图及大样图

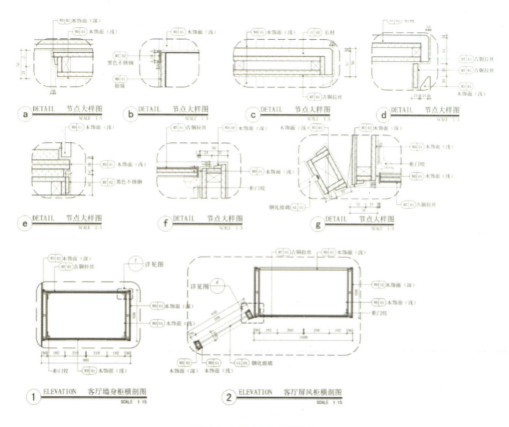

图 4-45 部分大样图

2. 技能要求

（1）能够正确识读别墅空间立面图、剖面图、节点大样图。

（2）能够参照手绘图、平面图、效果图，利用 CAD 软件绘制符合国家制图规范和标准的别墅空间 CAD 立面图、剖面图、节点大样图。

3. 工作实践目标和要求

（1）工作实践目标。

参照图 4-42～图 4-45，并结合别墅空间手绘草图，绘制别墅空间立面图、剖面图、节点大样图。

（2）工作实践要求。

① 立面图、剖面图、节点大样图比例准确、图例清晰、结构准确、层次分明。

② 立面图、剖面图、节点大样图符合国家制图标准及行业规范。

③ 标注齐全、构图饱满。

（三）别墅空间工程材料、灯具、五金件（与软装表相同）说明表工作实践

1. 注意事项

工程材料、灯具、五金件（与软装表相同）说明表的制作要点和注意事项如下。

（1）表格要注明项目名称、项目说明目录、制表范围、时间。

（2）表格要含有材料编号、材料名称、材料图片、品牌型号、使用位置、备注等信息，如图 4-46～图 4-48 所示。

2. 技能要求

（1）能够根据项目实际情况准确地注明项目名称、项目说明目录、制表范围、时间。

（2）能够根据项目实际情况准确填写标材料编号、材料名称、品牌型号、使用位置、备注等信息，收集并插入材料图片。

3. 工作实践目标和要求

（1）材料说明表格符合行业标准和规范，具有较强的说明性和指导性。

（2）材料说明表格信息完整、清晰、明确，便于业主及相关设计施工人员参考。

图 4-46 材料说明表

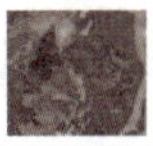

图 4-47 灯具说明表

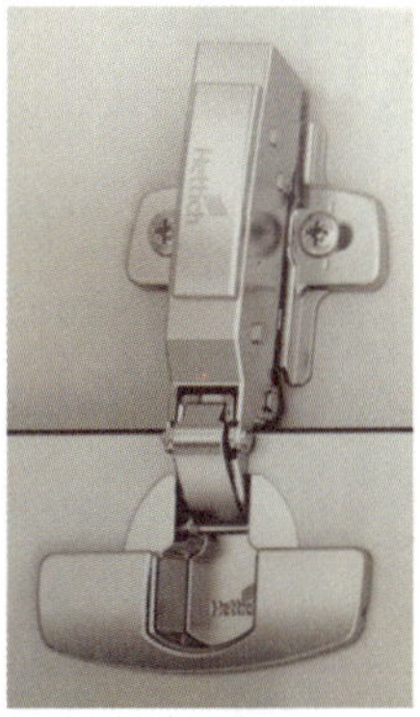

图 4-48 五金件说明表

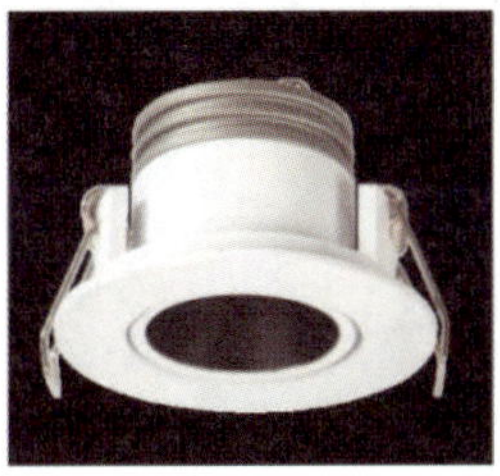

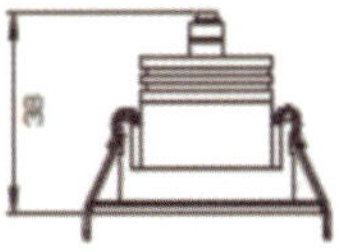

三、学习任务自我评价

学习任务自我评价见表 4-3。

表 4-3 学习任务自我评价

姓名		班级		
时间		地点		
序号	自评内容	分数	得分	备注
1	在工作过程中表现出的积极性、主动性和发挥的作用			10%
2	别墅空间 CAD 平面施工图绘制能力			20%
3	别墅空间 CAD 立面施工图绘制能力			20%
4	别墅空间 CAD 剖面施工图绘制能力			20%
5	别墅空间 CAD 节点大样施工图绘制能力			20%
6	材料说明表格符合行业标准和规范，信息完整、清晰、明确，具有较强的说明性和指导性			10%
总分		100		
认为完成好的地方				
认为完成不满意的地方				
认为整个工作过程需要完善的地方				
自我评价：				
技术文件的整理与记录：				

四、课后作业

（1）参照本项目实际情况，完成别墅施工图绘制临摹，包括平面图、立面图、剖面图、大样图。

（2）参照本项目实际情况，完成别墅工程材料、灯具、五金件（与软装表相同）说明表。

学习任务四 别墅空间设计图纸整理编排与总结展示训练

教学目标

（1）专业能力：让学生能够按照国家标准和规范对别墅空间施工图进行汇总、整理、编排和归档，并将图纸提交给设计师进行审核，根据设计师的反馈意见和建议对施工图进行修改与完善；能够独立制作项目设计总结PPT并进行展示和汇报。

（2）社会能力：培养和提升学生人际交流的能力。

（3）方法能力：培养学生认真、细心、诚实、可靠的品质；提升学生信息和资料收集能力、归纳总结能力与沟通表达能力；使学生树立客户服务观念，增强客户服务意识。

学习目标

（1）知识目标：掌握别墅空间施工图汇总、整理、编排的规范和要求；掌握别墅项目设计总结PPT的制作及汇报的技巧和方法。

（2）技能目标：能够完成别墅空间设计全套图纸的汇总、整理、编排和归档；能够完成别墅空间项目设计总结PPT的展示和汇报。

（3）素质目标：培养学生认真、细心、诚实、可靠的品质；提升学生信息和资料收集能力、归纳总结能力与沟通表达能力；使学生树立客户服务观念，增强客户服务意识。

教学建议

1. 教师活动

（1）教师运用多媒体、教学视频等多种教学手段向学生展示别墅空间施工图完整案例，并讲解别墅空间施工图汇总、整理、编排、归档的行业规范和要求，引导学生通过网络等信息化平台收集信息，指导学生完成别墅空间全套施工图的汇总、整理、编排、归档。

（2）指导学生完成项目设计总结PPT的制作。

（3）教师演示别墅项目设计总结PPT的展示和汇报，并讲解技巧和方法，组织学生完成项目设计总结PPT的展示和汇报，并完成自评、小组互评、教师点评。

2. 学生活动

（1）认真观摩教师展示的别墅施工图完整案例，并聆听教师的讲解，在教师的引导下完成别墅空间施工图的汇总、整理、编排、归档。

（2）在教师的引导下自主完成项目设计总结PPT的制作。

（3）认真观摩教师演示项目设计总结PPT的展示和汇报，在教师的引导下完成项目设计总结PPT的展示和汇报，并完成自评、小组互评、教师参评。

（4）构建有效促进学生自主学习、自我管理的教学模式和评价模式，突出学以致用，以学生为中心取代以教师为中心。

一、学习问题导入

在上一个学习任务中完成了别墅空间设计方案的深化和施工图的绘制，接下来即将进入到别墅空间的施工图整理编排与总结展示工作环节，在这个环节中需要完成哪些工作和学习任务呢？

二、学习任务工作实践

（一）别墅空间施工图整理与编排工作实践

1. 注意事项

别墅空间施工图整理与编排的要点和注意事项如下。

（1）注意别墅空间施工图内容的完整性。

（2）注意别墅空间施工图功能的合理性。

（3）注意别墅空间施工图实施的可行性。

2. 技能要求（含职业素养）

（1）能够按照国家制图标准和规范自主完成别墅空间施工图的汇总、整理、编排、归档，并完成室内设计施工图要点审查确认表。

（2）能够整理室内施工图，包括装修图和水电设备施工图。

（3）能够整理平面图、立面图、剖面图、水电图。

（4）能够把控图纸内容的完整性。

（5）能够完整表达装修设计与建筑的关系。

（6）能够完整表达装修设计与结构的关系。

（7）能够完整表达装修设计与给排水专业之间的关系。

（8）能够完整表达装修设计与电气专业之间的关系。

（9）能够编写室内装修和电气施工设计说明。

（10）能够编制五金配件表格。

（11）能够编制材料表格。

（12）能够编制洁具表格。

（13）能够制作材料预算表。

3. 工作实践目标和要求

（1）工作实践目标。

参照所提供的案例，并结合以上知识和技能，自主完成别墅空间施工图的汇总、整理、编排、归档。

（2）工作实践要求。

① 别墅空间施工图比例准确、图例清晰、结构准确、层次分明。

② 别墅空间施工图符合国家制图标准及行业规范。

③ 别墅空间施工图内容完整，功能合理，实施效果符合实际。

室内设计施工图要点审查确认表见表 4-4。

表 4-4 室内设计施工图要点审查确认表

项目名称：　　　　　审核时间：

专业	审核内容	审核标准	审核此项结果	审核人签名
施工图内容完整性的控制	1. 有各专业提供的最终版本的施工图、装修条件图确认表	（1）图纸的完整性		
		（2）图纸的规范性		
	2. 室内施工图包括装修图和水电设备施工图	（1）符合专业规范及标准要求，且需含有设计说明及施工做法		
		（2）原始建筑平面图、平面图、地花图、间墙图、天花图、天花灯位尺寸图及给排水图功能划分合理，位置契合		
		（3）选用的材料在施工图上所对应的部位注明，材料代号要统一		
		（4）平面、立面、剖面施工图线条完全对应，尺寸规格合乎建筑尺寸		
		（5）平面、立面、剖面图索引号连贯、相呼应		
		（6）图面干净、配有必要的文字说明，表意清晰完整		
		（7）图面文字比例、线型设置要统一，同类图图框比例要统一，满足后期打印图纸的视觉协调		
	3. 平面图	（1）度量毛坯房现场的室内尺寸，绘制原始建筑平面图，在此基础上完成平面图		
		（2）瓷砖、马赛克及石材饰面原墙面偏移 30mm 做完成面，乳胶漆、壁纸、木饰面等可以做完成面线条		
		（3）固定造型要在平面图上用线条相应表示出来，必要的需单独补充出图或文字说明		
		（4）家具尺寸布置要有主次，比例合乎真实需求		
		（5）图面标注文字大小比例协调统一，清晰明了		
		（6）天花、地坪材质表达要以填充图案与文字标注相结合；天花、地面的标高与建筑、结构的关系吻合		
		（7）有叠级地坪及天花处需出剖面图，平面上相应用剖面图号标示出来		
		（8）各开关、插座、灯具等图形要附表，做详细的文件说明及提供编号		
		（9）若灯具过重或功率过大等，请说明并提交要求		
		（10）门厅、阳台、楼梯等处天花需出图		
		（11）庭院及阳台、露台家具也需布置完善		
		（12）标注地坪高度、材料开介尺寸、排水走向及地漏位等细节		
		（13）拆墙、砌墙情况需用图例表明，以备计量		
		（14）固定造型标明规格尺寸，注意门洞口的预留		
		（15）间墙尺寸要清晰、完整		
		（16）壁灯要标明位置及高度		
		（17）交代灯具位、空调主机、出风及回风口位置		
		（18）详细的灯具特性表，指引灯具的选购及安装		
		（19）各平面图中表达不清的局部空间，需增加放样图说明		

专业	审核内容	审核标准	审核此项结果	审核人签名
施工图内容完整性的控制	4. 立面图	（1）核对立面定位轴线及轴号，各立面需清楚表达立面饰面材料、提供选型样板、分隔线及尺寸、转折部位拼贴方式		
		（2）核对立面室内外标高、尺寸标注；各立面构造、装饰节点详图索引需齐全、呼应		
		（3）立面造型线条要求与平面图线条完全对应		
		（4）原始建筑结构（如梁、楼板、窗等）都需在立面图上标示出来		
		（5）地坪完成面、墙身完成面、天花造型面、灯具、出风及回风口在立面图上标示出来		
		（6）立面图材质填充、材质代号统一、清晰		
		（7）各开关、插座电箱位置及高度相应在立面图上标示出来		
		（8）各造型立面尺寸规格的图面标注需明晰		
		（9）活动家私或饰品位置或尺寸规格有特殊要求的在图面也需标注明晰		
		（10）未来出剖面图的位置都相应地用剖面图号在立面位置表现，楼梯等主要立面构造需完善出节点图		
		（11）控制好局部层高过低空间的天花高度		
		（12）剖面图号与平面图上的索引对应		
		（13）插座、开关等电器设备需相应在立面图上标示出来		
	5. 剖面图	（1）节点构造详图索引号对应，与平面图立面节点一致，标注尺寸需齐全无误		
		（2）现场制作或者厂家定做的构件交代清楚表达材料、结构及施工做法		
		（3）横、竖剖面图的地方需应标注剖面图号		
		（4）细部还需配以大样图		
	6. 水电图	（1）参照、尊重原始建筑给排水点，忌单纯考虑样板间的视觉效果而任意改管，忽视后期的生活需求		
		（2）充分参照国家相关专业规范，保障安全、有效地用电，保障合理的供水及排污		
		（3）水电的接驳点位置、安装高度人性化、生活化		
		（4）强电系统图需说明电源的接入点、最大功率		
		（5）配电图线路连接要规范、工整、清晰		
		（6）明确强弱电箱的位置		
		（7）给水图注明水管的接入及流向，冷、热水管走管用不同颜色清晰标示，驳接点的定位尺寸清晰		
	7. 图纸内容的完整度	（1）目录表整合、核对所有的图纸信息		
		（2）附文件打印样式表（.ctb 文件）		
		（3）针对施工图主要用材附明细表、图纸图例说明		

专业	审核内容	审核标准	审核此项结果	审核人签名
施工图功能合理性控制	1. 装修设计与建筑的关系	（1）根据装修设计平面使用功能进行防火、防水规范要求的审查，是否改变原设计使用功能，若改变需取得相关主管部门的批准及同意		
		（2）核对功能分区的合理性及可行性，平面的功能分区实用率及使用率最大优化		
		（3）核对与建筑原有平面有无冲突，不改动建筑外立面，对建筑外立面无影响		
		（4）核对轴线及编号、尺寸标注是否齐全、正确，室内地面标高与建筑是否一致，各空间分布是否满足使用功能需求，与各相关专业图纸是否一致		
		（5）核对平面布置是否与建筑外观、承重结构、给排水及设备冲突		
		（6）核对建筑门窗的高度对室内天花吊顶高度有无冲突		
		（7）核对卫生间空调及排气扇预留洞口高度与吊顶高度有无影响		
		（8）核对空调预留洞口及室外机位置与室内空调摆放位置有无冲突		
	2. 装修设计与结构的关系	（1）在装饰设计中不得拆除或损坏原始承重结构构件		
		（2）不宜增加房间使用荷载，若因改变原始房屋用途或装修做法，导致楼面、屋面、墙荷载等与原设计要求不符时，现设计方案需经原设计单位同意		
		（3）若移动或增加隔墙、围护墙，在承重构件（如板、梁）上开设洞口时，涉及承重结构改动、增加荷载或增减结构构件都应经原设计单位同意，并采取相应的加强措施		
		（4）核对梁位、柱位对室内布置有无影响		
		（5）核对层高能否满足室内空间的要求、梁位置及标高对天花吊顶高度有无冲突		
		（6）内外墙采用幕墙装饰、干挂石材或装饰板时，其材料连接构造做法、材料厚度、规格、抗弯强度应符合有关规定，连接必须牢固可靠		
	3. 装修设计与给排水专业之间的关系	（1）给排水图按原设计单位提供的标准图样出图，需与原建筑给排水相符及给排水接入点相接		
		（2）地漏及存水弯水封深度不应小于50mm		
		（3）卫生间污水不能与厨房污水共用排水立管、横管和气管		
		（4）空调设备冷凝水应有组织排放		
		（5）给排水管道不得穿越卧室		
		（6）设计说明中应对原设计消防给水设施概况加以叙述，不能影响原设计消防给水设施的正常使用		
		（7）核对水电位置图，避免墙体变动造成与管线冲突		
		（8）核对给排水管的位置，特别注意卫生间沉箱及排污的位置，对室内效果无影响的同时满足生活需求		

专业	审核内容	审核标准	审核此项结果	审核人签名
施工图功能合理性控制	4. 装修设计与电气专业之间的关系	（1）电气图按原设计单位提供的标准图样出图，需与原始建筑电气相符，装修后不得超过原电气图的总功率		
		（2）电气线路应采用符合安全和防火要求的敷设方式配线，导线应采用铜线，每间住宅进户线截面不应小于 10mm^2，分支回路截面不应小于 2.5mm^2		
		（3）每间住宅的照明线路、普通电源插座、空调电源插座应分路设计，功率过大的大型吊灯应单独控制，除空调插座外，其他应设置漏电保护装置		
		（4）设置电源总断路器，并应采用可同时断开相线和中性线的开关电器		
		（5）核对穿天花底板梁底的管线的位置及大小，避免与天花吊顶标高造成冲突		
		（6）核对开关插座的位置，满足人性化需求，使用方便		
		（7）核对空调室内、室外位置，尽量做到暗藏、不露管线，中央空调要注意处理层高关系及出风口、回风口的安排		
施工图实施效果控制	1. 家具配饰的选控	（1）针对每个空间的家具、灯具、窗帘、地毯、挂画配饰等作简报图及平面索引图，各物件的效果参考图片统一呈现，同时需有家具的具体尺寸、用材、数量及材料说明		
		（2）简报图以 PPT 的格式呈现，内容包括沙发、床、灯具、窗帘、抱枕、地毯等饰品		
		（3）配置明细表，将家具等的位置、尺寸、用材、数量等细节一一呈现		
	2. 硬装材料的选控	（1）为使样板间的装修有效、有序地进行，前期的室内设计方案完成同时，设计公司需随图纸一起附详细的主材样板		
		（2）随图纸一起附详细的主要材料说明表		

（二）别墅空间项目设计总结 PPT 制作与汇报工作实践

1. 注意事项

别墅空间项目设计总结 PPT 制作与汇报要点和注意事项如下。

（1）注意别墅空间设计理念、设计意向，以及设计说明的文字表达。

（2）注意别墅空间通过图示化清晰表达设计效果。

（3）注意别墅空间最终方案的完整性。

2. 技能要求（含职业素养）

（1）能够通过文字清晰表达别墅空间的设计理念、设计意向。

（2）能够通过图示化清晰展示设计效果。

（3）能够完整表述整个案例，并口头进行汇报。

（4）能够掌握一定的 PPT 美工效果制作技巧。

3. 工作实践目标和要求

（1）工作实践目标。

参照提供的案例，完成别墅空间项目设计总结PPT的制作与汇报。

（2）工作实践要求。

① 项目设计总结PPT内容准确、信息完整、逻辑清晰、图文并茂。

② 总结汇报思路清晰，表达流畅，言简意赅。

三、学习任务自我评价

学习任务自我评价见表4-5。

表4-5 学习任务自我评价

姓名		班级			
时间		地点			
序号	自评内容	分数	小组自评	小组互评	教师参评
1	在工作过程中表现出的积极性、主动性和发挥的作用	10			
2	信息收集方法的正确性	10			
3	全套施工图和效果图进行完整性展示	50			
4	存在的问题和困难	20			
5	经验的分享和收获	10			
总分		100			
认为完成好的地方					
认为完成不满意的地方					
认为整个工作过程需要完善的地方					
自我评价： 小组评价： 教师评价： 技术文件的整理与记录：					

四、课后作业

（1）结合本学习任务完成别墅空间施工图的汇总、整理与编排。

（2）结合本项目学习任务一、二、三所输出的学习成果，完成别墅空间项目设计总结PPT的制作。

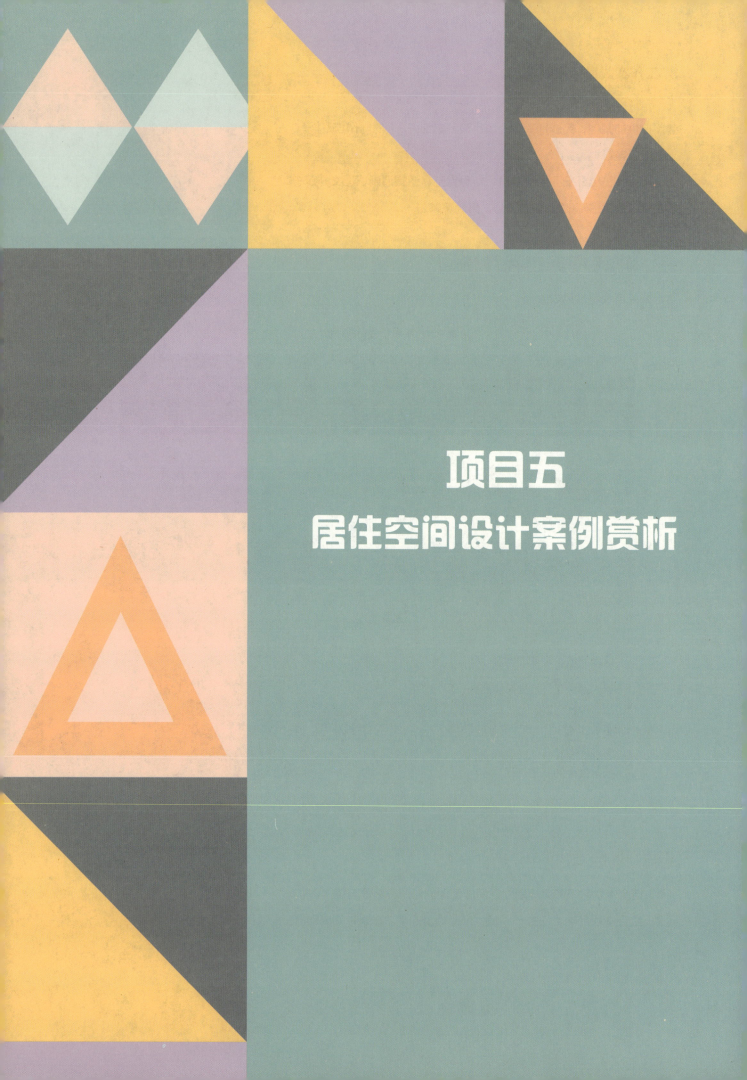

项目五
居住空间设计案例赏析

教学目标

（1）专业能力：开拓学生的专业视野，激发学生的专业兴趣，增强对居住空间设计作品的分析和鉴赏能力，总结设计方法，提升设计能力。

（2）社会能力：培养学生认真、细致、诚信、可靠的精神品质，提升学生人际交流能力、团队合作的能力。

（3）方法能力：培养和提高学生自我学习能力、独立思考能力、沟通表达能力。

学习目标

（1）知识目标：居住空间的功能分区、布局类型、空间形式特点、色彩软装饰搭配、设计表达等相关知识。

（2）技能目标：了解室内设计的基本内容和构成要素，能够从居住空间设计案例中总结设计的方法和技巧，并能合理运用上述知识进行居住空间设计。

（3）素质目标：培养细心观察、体验生活并从中获得创作灵感的习惯，提高个人审美能力、作品鉴赏能力和作品创新能力。

教学建议

1. 教师活动

教师前期收集优秀居住空间设计案例，运用多媒体课件、教学视频等多种教学手段引导学生进行案例解读和分析。

2. 学生活动

（1）鉴赏作品，加强对居住空间设计作品的感知，学会欣赏并大胆表达。

（2）热爱生活，仔细观察，酝酿激情，加强实践，学以致用。

一、学习问题导入

一起来欣赏两个设计大师的居住空间设计案例，它们分别是世界著名的建筑——马赛公寓和流水别墅。

如图 5-1 所示为 1952 年在法国马赛市郊建成的一座举世瞩目的超级公寓住宅——马赛公寓大楼，它像一座方便的"小城"，让公寓内的住户生活便捷。马赛公寓突破了承重结构的限制，从单身住户到多口之家，室内楼梯将两层空间连成一体，起居厅两层贯通，达到 4.8m 高，大块落地玻璃窗设计满足了观景的开阔视野。大楼的 7、8 层是商店和公用设施，满足居民的各种日常生活需求。幼儿园和托儿所设在顶层，通过坡道可到达屋顶花园。这座被称为马赛公寓的现代主义经典建筑，是现代主义建筑大师勒·柯布西耶的代表作之一，开启了公寓建筑的先河。

图 5-1 马赛公寓的外观和室内　柯布西耶　作

如图 5-2 所示为弗兰克·劳埃德·赖特设计的世界著名的建筑——流水别墅。在瀑布之上，赖特实现了"方山之宅"的梦想。流水别墅共三层，面积约 380m²，以二层（主入口层）的起居室为中心，其余房间向左右铺展开来，别墅外形强调块体组合，使建筑带有明显的雕塑感。楼层高低错落，一层平台向左右延伸，二层平台向前方挑出，几片高耸的片石墙交错穿插在平台之间，显得很有力度感。溪水由平台下怡然流出，建筑与溪水、山石、树木自然地结合在一起。

二、学习任务讲解

1. 案例一：63m² 小户型精装修

小户型精装修背景介绍如下。

面积：63m²。

户型：两居室。

风格：北欧风。

改造前，原户型问题：

①空间划分不明确，浪费很多空间；

②次卧空间太小，无法住人；

③空间太昏暗，尤其是厨房；

④储物空间不足。

经过设计师改造后：

①增改厨房使用空间，同时改变入口，增加光线；

②阳台更改，增设日光卧榻。

③重新设计次卧，扩容空间；

原始户型和改造后户型如图 5-3、图 5-4 所示。

图 5-2 流水别墅 赖特

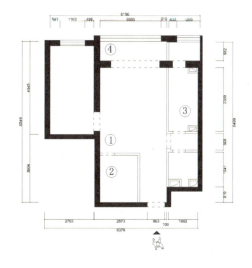

图 5-3 原始户型

图 5-4 改造后户型

玄关处一侧是到顶储物柜，另一侧是照片墙装饰空间，增加了换鞋凳，安设了一个穿衣镜，整体以蓝白色为主调，塑造清爽的北欧风韵，如图 5-5 所示。蓝白色主调以白色为主、蓝色为点缀色，绿植增加清新活力感，小巧精致的沙发和茶几增加整体设计的柔和质感。阳台更改为榻榻米，增加实用面积，采光充足，让小客厅更加明亮、通透。实木地板体现天然的质感和肌理，增添了室内休闲、雅致的氛围。家居软装设计简约、柔和，让室内空间更加温馨。射灯与筒灯为主光源，照度较大，让空间更加明亮。客厅设计如图 5-6 所示。

厨房与客厅之间做了小隔墙，通过降低其高度让空间更通透。同时在小隔墙处设置了猫柱，让猫咪也有了自己的活动区域，同时起到装饰作用，如图 5-7 所示。厨房简单大气，洗衣机和烘干机靠墙放置，实现了空间的高效利用，如图 5-8 所示。

通过调整空间布局，将次卧扩大，利用榻榻米增加床底的收纳功能，同时利用半墙半玻璃的拼接设计，增加光线亮度，也让次卧更加舒适，如图 5-9 所示。主卧到顶的整体衣柜用于收纳和储物，增大了储存空间；地台设计搭配柔软地毯，增加了卧室的舒适度；利用开放式衣架放置常用衣服，既实用又美观，如图 5-10 所示。洗手台外置实现干湿分区，墙面左侧设置悬挂架，既方便又实用；灰色主调让空间极具个性，壁龛设计增加收纳功能，六边形地砖混色拼接体现时尚构成感，如图 5-11 和图 5-12 所示。

图 5-5 玄关设计

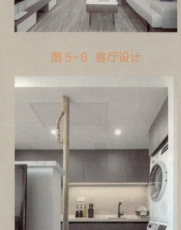

图 5-6 客厅设计

图 5-7 厨房与客厅连接处的小隔墙设计

图 5-8 洗烘区

图 5-9 次卧

图 5-11 洗手台设计

图 5-10 主卧

图 5-12 卫生间

2. 案例二：65m² 小户型旧房改造

这是一套 65m² 小户型三居室旧房改造案例，在设计师重新布局规划后，整个小户型展现出更加合理的设计效果，井然有序而不闭塞，宽敞明亮而又温馨舒适，既美观又实用。原始户型图和平面布置图如图 5-13 和图 5-14 所示。

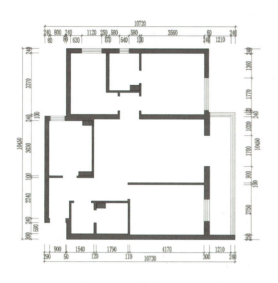

图 5-13 原始户型图　　　　　　图 5-14 平面布置图

小户型旧房改造背景信息如下。

面积：65m²。

户型：三居室。

风格：简约风。

玄关以波点瓷砖作为铺设材料，体现肌理美感。室内空间分区明确，穿衣镜设计装点墙面效果，同时做了内嵌式壁柜，增加收纳功能，展现时尚与个性。玄关设计如图 5-15 所示。

客厅用黑框玻璃作为隔断，提升设计美感，沙发选择红棕色，搭配金属质感茶几，塑造简洁大气的古典美感，如图 5-16 和图 5-17 所示。

餐厅墙面用墨绿色作为主色调，搭配细脚深灰色餐桌椅，塑造浓厚的复古气息，如图 5-18 所示。厨房色彩选择黑白双色，让厨房更具时尚感，黑色主体橱柜与白色操作台相互映衬，L 形的操作空间让烹饪效率更高，如图 5-19 所示。

图 5-15 玄关设计　　　　　图 5-16 客厅

图 5-17 金属质感茶几与红棕色沙发

图 5-18 餐厅设计

图 5-19 厨房设计

次卧使用高箱床,增加了储物空间,同时以黑白为主的色彩搭配与空间的整体色彩相呼应,如图 5-20 所示。主卧以深蓝为主色调,沉稳大气的深蓝与棕木色地板和床形成巧妙组合,加上无主灯设计,塑造出更加温馨、宁静、清爽的空间氛围,如图 5-21 所示。

图 5-20 次卧设计

图 5-21 主卧设计

3. 案例三:115m² 爱猫人士的三居室

面积:115m²。

户型:三居室。

风格:混搭风。

三居室平面布置图如图 5-22 所示。

业主要求开放式厨房设计,于是设计师在布局上拆除原厨房的隔墙,实现 LDK（客厅 living room、餐厅 dining room、厨房 kitchen）一体化设计,空间以中性色为基调,如图 5-23 所示。衣帽间入口从客厅移到主卧,打造集休憩、收纳、办公、如厕于一体的大套房。

图 5-22 平面布置图

图 5-23 LDK 一体化设计

客厅用投影仪代替电视机，背景墙留白作为投影面，如图 5-24 所示。飘窗台铺贴了温润木饰面，摆上茶台和软垫，可以喝茶、看书，纱帘过滤直射阳光，保证私密性，如图 5-25 所示。走道一侧做了整面定制柜，靠近入户区的两排用作玄关鞋柜，如图 5-26 所示。

图 5-24 客厅背景墙区设计

图 5-25 飘窗台设计

图 5-26 整面定制柜 + 开放层架

西厨岛台与餐桌相连，增大了就餐面积。餐厨顶部有一根横梁，设计师将吊顶局部压低，刚好能包裹住梁体和管道，自然地划分客厅和餐厨区，如图 5-27 所示。餐厨区地面，设计师选用六边形瓷砖和木地板做异形拼接，让空间显得生动活泼，如图 5-28 所示。

图 5-27 开放式餐厨区设计

图 5-28 餐厨区地面铺贴设计

洗碗机嵌入岛台下方，冰箱和灶台中间放置一个隔热板，岛台下方做了细分收纳，用多层抽屉代替传统的开门柜，刀具、筷子、叉子、盘子等分开摆放，如图 5-29 所示。牛油果绿色水槽，岛台一侧是整面落地窗，利用结构凹陷嵌入吧台设计，如图 5-30 ~ 图 5-32 所示。

图 5-29 岛台收纳

图 5-30 牛油果绿色水槽

图 5-31 净饮水

图 5-32 窗边吧台 + 木百叶窗

主卧门后布置两组收纳柜，休息区以白色 + 原木色为主调，墙角专门装了给猫磨爪的爬架，如图 5-33～图 5-34 所示。主卧保留飘窗台，搭配白色百叶帘，简单清爽，还可以自由调节光线和私密性。次卧以简单实用为主，如图 5-35 所示。小房间铺上软垫，变身日式榻榻米，如图 5-36 所示。

图 5-33 主卧设计

图 5-34 猫爬架

图 5-35 次卧设计

图 5-36 榻榻米

衣帽间端头是整面落地窗，采光充足，放上书桌和工作椅，打造一个不受干扰的独立办公区，如图5-37所示。

卫生间和洗衣房的配色选材更跳跃，黑框磨砂玻璃门，通透性强，进一步引入室外的自然光，还配有悬空台盆柜、可调节水龙头、自带照明的梳妆镜。浅蓝瓷砖加亮橘防水漆拼色，搭配明亮顶灯，一扫卫生间的压抑闭塞，卫生间和洗衣房如图5-38～图5-43所示。

图5-37 衣帽间+书房

图5-38 次卫

图5-39 主卫

图5-40 洗衣房

图5-41 洗烘区域

图5-42 复古绿色地砖

图5-43 撞色弧形门

如图 5-44～图 5-50 所示为装修前后对比图。

图 5-44 LDK 一体化设计　　　　　　图 5-45 电视背景墙

图 5-46 开放式餐厨　　　　　　图 5-47 餐厅

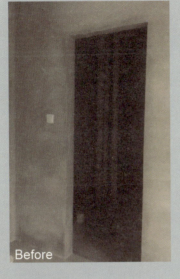

图 5-48 卫生间

图 5-49 阳台

图 5-50 主卧

三、学习任务小结

通过本次任务的学习，赏析了不同空间的样板房设计案例，但在设计过程中还会遇到各种各样的收纳问题，本次小结就来详细说明收纳的一些隐藏细节。

1. 要有充分的鞋子收纳空间

玄关鞋柜在设计前需要明确居住人数、鞋子的数量，以及平时的穿鞋习惯，基于实际情况来设计鞋柜内部空间。鞋柜内部的隔板最好设计成活动式，可以灵活调整内部空间高度。如果鞋子数量非常多，要尽可能扩大鞋柜空间，也可以考虑下方这种双面旋转鞋柜，如图 5-51～图 5-52 所示。

图 5-51 双面旋转鞋柜

图 5-52 鞋柜

2. 一定要有挂放区

出入户的外套、包包等物品，需要挂在专门的区域，有条件的可以挂在专门的玄关衣柜，没有条件的可以利用墙面空间增加挂钩、洞洞板来挂放这些物品，如图 5-53 所示。

3. 慎选开放式收纳架

要谨慎选择开放式收纳架，尤其是客厅空间，占据一整面墙的开放式收纳架是一个天然的"集灰盒"，一天清洁一次也解决不了灰尘问题。建议安装柜门，一方面可以避免灰尘，另一方面也显得规整。

图 5-53 洞洞板挂放区

4. 将用途一致的物品就近收纳

将一切可以利用的空间变为收纳空间。厨房面积小，但是东西多，例如各种锅碗瓢盆和电器。所以需要充分利用好每一个空间，例如吊柜、地柜、中心区的墙面、台面等，如图5-54～图5-56所示。

图5-54 集中收纳

图5-55 吊柜安装缓冲拉篮

图5-56 在转角空间处安装转角拉篮

四、课后作业

（1）每位同学通过网络收集不同类型居住空间设计的优秀案例不少于5个。

（2）以组为单位，对优秀的设计案例进行整理与汇总，并制作成PPT进行演讲展示。

扫描二维码获取
更多居住空间案例

附录 客户调查表

尊敬的客户

您好!

为了准确把握您需要的设计风格,满足您的家居功能要求,为您提供尽量完善的服务,我们的设计师应当对您家庭的基本资料、您的喜好、您的生活习惯等有所了解。我们会充分尊重您的隐私。充分了解您,才能满足您的需要,请您理解。非常感谢您的密切配合!我们会精心测量房间的每一部分尺寸,同时记录您的意见与要求,为完整家居设计方案提供准确的依据。

客户姓名:　　　　　　性别:

民族:　　　　　　　　联系电话:

QQ:　　　　　　　　　E—MAIL:

宗教信仰:

测量地址:　　　　　　经济水平:

预计装修总费用:

居室面积:　　　 m^2 (建筑面积)

1. 请问您的年龄:

☐ A.20~24　　☐ B.25~34　　☐ C.35~45　　☐ D.45 以上

2. 您的学历:

☐ A. 本科以下　　☐ B. 本科及以上

3. 请问您目前的职业属于下面哪一种:

☐ A. 公司/企业 高层管理人员　☐ B. 公司/企业 中层管理人员　☐ C. 个体老板/个体户

☐ D. 单位办公室职员(白领)　☐ E. 单位技术人员　☐ F. 单位工人/服务人员(蓝领)

☐ G. 专业人士(医生/律师/工程师等)　☐ H. 政府工作人员

☐ I. 教师　☐ J. 自由职业者　☐ K. 家庭主妇

4. 您喜欢的家居风格:

☐ A. 中国古典风格　☐ B. 欧式古典风格　☐ C. 日式风格　☐ D. 自然乡土风格

☐ E. 现代风格　☐ F. 混合型风格　☐ G. 其他

5. 您喜欢的家居整体色调:

☐ A. 黑白　☐ B. 深色　☐ C. 浅色　☐ D. 鲜艳　☐ E. 冷色　☐ F. 暖色

6. 您的洗浴方式:

☐ A. 淋浴　☐ B. 浴缸　☐ C. 两样兼有　☐ D. 其他

7. 您的个人爱好:

☐ A. 收藏　☐ B. 音乐　☐ C. 电视　☐ D. 宠物　☐ E. 运动　☐ F. 读书　☐ G. 旅游

☐ H. 上网　☐ I. 其他

8. 您家里春夏季的鞋子大约有多少双(包括靴子和拖鞋):

☐ A.10双以下　☐ B.10~19双　☐ C.20~29双　☐ D.30~40双　☐ E.40双以上

9. 您的洗脸台上现在摆放了多少件物品：

☐ A.5件以内　☐ B.5~10件　☐ C.11~15件　☐ D.16~20件　☐ E.20件以上

10. 您的洗浴房内，现在放了多少件洗浴用品：

☐ A.5件以内　☐ B.5~10件　☐ C.11~15件　☐ D.16件及以上

11. 请从下列选项中选出两类最占衣柜空间的物品（双选）：

☐ A. 休闲服、运动服等可折叠衣物　　☐ B. 衬衫、长裤、长裙等需悬挂衣物

☐ C. 西服、冬装等厚重衣物　　☐ D. 领带、袜子、内衣等配件

☐ E. 棉被、床单等床上用品　　☐ F. 箱包、帽子等其他配件

12. 请问您喜欢用燃气热水器还是电热水器：

☐ A. 燃气热水器　☐ B. 电热水器　☐ C. 两个都考虑使用

13. 您通常会在哪里洗拖把：

☐ A. 卫生间　☐ B. 生活阳台

14. 下列厨房电器哪些是您最常使用的：（多选）*(必填项)

☐ A. 电饭煲　☐ B. 电磁炉　☐ C. 微波炉　☐ D. 多士炉

☐ E. 豆浆机　☐ F. 咖啡机　☐ G. 搅拌机　☐ H. 消毒柜

☐ I. 洗碗机　☐ J. 抽油烟机　☐ K. 电动米桶　☐ L. 干手机

15. 您认为卫生间中的以下部件，哪些是装修卫生间的必备设施：（多选）*(必填项)

☐ A. 马桶　☐ B. 洗面盆　☐ C. 洗手台(浴室柜)　☐ D. 镜前灯

☐ E. 浴缸　☐ F. 淋浴屏花洒　☐ G. 毛巾挂杆　☐ H. 厕纸架

☐ I. 排气扇　☐ J. 剃须镜　☐ K. 装置冷热水龙头

16. 您喜欢墙体和地面是怎样的色调：

☐ A. 浅色　☐ B. 深色　☐ C. 中性色

17. 您喜欢墙面用什么材料：

☐ A. 涂料　☐ B. 墙纸　☐ C. 涂料+墙纸　☐ D. 瓷砖　☐ E. 石材

18. 您喜欢地面用什么材料：

☐ A. 实木地板　☐ B. 实木复合地板　☐ C. 强化复合地板

☐ D. 瓷砖　☐ E. 石材

19. 如果增加装修成本，您更愿意将这些钱花在什么地方：（请在空间和部位各选择三项打钩）（多选）*(必填项)

☐ A. 入户玄关　☐ B. 卫生间　☐ C. 阳台　☐ D. 地板　☐ E. 洁具　☐ F. 墙面　☐ G. 家电

☐ H. 家具　☐ I. 吊顶　☐ J. 五金件

20. 对于装修来说，您最担心什么问题：*(必填项)

☐ A. 不能看到施工过程，对施工质量不放心　☐ B. 材料的品牌和质量　☐ C. 后续维修服务

☐ D. 装修标准水分大　☐ E. 不太担心什么问题

您的建议和要求（或特殊说明）：

参考书目

[1] 陈易. 室内设计原理 [M]. 北京：中国建筑工业出版社，2006.

[2] 霍维国，霍光. 室内设计原理 [M]. 海口：海南出版社，1996.

[3] 松下希和. 装修设计解剖书 [M]. 温俊杰，译. 海南：南海出版公司，2013.

[4] 蒂姆•布朗. IDEO，设计改变一切 [M]. 侯婷，译. 辽宁：北京联合出版传媒（集团）股份有限公司，万卷出版公司，2011.

[5] 叶森，王宇. 居住空间设计 [M]. 北京：化学工业出版社，2017.

[6] 叶柏风. 居室空间设计 [M]. 北京：中国轻工业出版社，2014.

[7] 张付花. 室内设计谈单技巧与表达 [M]. 北京：中国轻工业出版社，2017.